TRAITÉ PRATIQUE

DE

L'ÉLEVAGE DE TOUS LES PIGEONS EN GÉNÉRAL

DÉCRIT ET ÉDITÉ SOUS LES NOMS DES

50 PRINCIPAUX COLOMBOPHILES ET AVICULTEURS

FRANÇAIS, BELGES, ANGLAIS, Etc.

contenant les descriptions de toutes les races

DE

PIGEONS VOYAGEURS

ET

DE FANTAISIE

L'INSTALLATION DES COLOMBIERS, L'ALIMENTATION

LES MALADIES ET LES REMÈDES

POUR LES ÉVITER OU LES GUÉRIR

Pouvant servir à toutes espèces de Volailles

DÉCRITS PAR PLUSIEURS MÉDECINS, VÉTÉRINAIRES & PHARMACIENS

Approuvé par les principales Sociétés Colombophiles et d'Aviculture de tous pays.

PAR

Richard DE BOEVE

COLOMBOPHILE-AVICULTEUR

ROUBAIX

Déposé en France et en Belgique.

EN VENTE CHEZ L'AUTEUR — PRIX : 4 FR.

TRAITÉ PRATIQUE

DE

L'ÉLEVAGE DE TOUS LES PIGEONS EN GÉNÉRAL

DÉCRIT ET ÉDITÉ SOUS LES NOMS DES

50 PRINCIPAUX COLOMBOPHILES ET AVICULTEURS

FRANÇAIS, BELGES, ANGLAIS, Etc.

contenant les descriptions de toutes les races

DE

PIGEONS VOYAGEURS

ET

DE FANTAISIE

L'INSTALLATION DES COLOMBIERS, L'ALIMENTATION

LES MALADIES ET LES REMÈDES

POUR LES ÉVITER OU LES GUÉRIR

Pouvant servir à toutes espèces de Volailles

DÉCRITS PAR PLUSIEURS MÉDECINS, VÉTÉRINAIRES & PHARMACIENS

Approuvé par les principales Sociétés Colombophiles et d'Aviculture de tous pays.

PAR

Richard DE BOEVE

COLOMBOPHILE-AVICULTEUR

ROUBAIX

Déposé en France et en Belgique.

EN VENTE CHEZ L'AUTEUR — PRIX : 4 FR.

NOTA. — *Les gravures de mon* Guide colombophile *correspondent aux descriptions de ce* Traité pratique.

FEMELLE POLONAIS NOIRE

Prix d'honneur à l'Exposition Internationale du Dairy Show de Londres.

Gravée par M. Richard **DE BOEVE**

à M. G.-W. RICHARDSON, de Roubaix.

A MON PLUS SINCÈRE AMI

ROBERT FONTAINE

Propriétaire à Marcq-en-Barœul (Nord)

L'UN DES MEILLEURS COLOMBICULTEURS

Je lui dédie ce livre utile à tous les Colombophiles en général, en reconnaissance de ma sincère amitié et de toutes les peines qu'il s'est donné, pour m'aider à la confection de ce traité pratique de toutes les races de pigeons.

RICHARD DE BOEVE.

AVANT-PROPOS

Le but que j'ai voulu atteindre par la publication de mon Traité Pratique, est celui de faire un ouvrage colombophile éminemment utile à tous, afin de guider les amateurs colombophiles en général, en leur indiquant les moyens d'élevage les plus pratiques, et leur faire connaître les qualités à rechercher et les défauts à éviter, par les expériences que j'ai acquises depuis trente ans que je pratique l'élevage, auxquelles sont jointes celles des principaux colombophiles et aviculteurs de tous pays, qui ont bien voulu collaborer à mon ouvrage, par des descriptions justes et raisonnées, des races de pigeons qu'ils ont élevés pendant de nombreuses années, afin de véritablement instruire l'amateur, dans l'élevage colombophile.

RICHARD DE BOEVE.

PRÉFACE

Tout le monde connait le vieux proverbe : A bon vin pas d'enseigne ; je pourrais dire ici : A bon livre pas de réclame.

Présenter au public, un livre et son auteur n'est pas tâche facile, car les lecteurs parcourent souvent d'un œil distrait quelques nomenclatures et la monotomie finit par les fatiguer, malgré la sincérité de la description.

On trouve alors à critiquer et à chercher le côté faible de l'ouvrage.

Le livre de M. R. DE BOEVE doit servir de guide aux amateurs pour la recherche du type idéal.

L'amateur connaissant à fond chaque race de pigeons, n'est pas encore né et n'existera probablement jamais.

M. R. DE BOEVE l'a très bien compris et il s'est adressé à des amateurs spécialistes, n'élevant que quelques races. Ceux-ci lui ont donc décrit leurs races favorites.

Avec ce vade mecum, tout le monde pourra arriver à connaître les sujets dignes de pouvoir être exposés avec succès.

L'ouvrage contient en plus l'installation des colombiers, l'alimentation, le moyen d'obtenir de beaux sujets par les accouplements, l'incubation, etc., etc., les maladies et les remèdes ; tout cela traité d'une manière très pratique.

Comme les bons dessins se gravent souvent mieux dans la mémoire que les descriptions, M. R. DE BOEVE a annexé à son traité, un atlas qu'il appelle Guide colombophile ; il y représente 100 races de pigeons, finement lithographiés, ce qui forme le complément de cet ouvrage, qui fera sensation dans le monde des Colombiculteurs.

ROBERT FONTAINE.

LISTE ALPHABÉTIQUE DES COLLABORATEURS

FRANÇAIS, BELGES, ANGLAIS, HOLLANDAIS, ETC.

à cet ouvrage :

MM. BOUCHERLE, L., à Tunis (Tunisie).
BOYAVAL, E., à Roubaix.
CARLIER, C., à Haubourdin (Nord).
COUCHOT, M., à La Rochebordeaux (Maine-et-Loire).
CRIGNON, H., à Paris.
DAGRAND, P., à Montauban (T.-et-G.).
DAUTREVILLE, à Paris.
DE BOEVE, R., à Roubaix.
DESAEGHER, à Roubaix.
DETROY, A., à Saint-Maurice-Lille.
DUFOUR, F., à Armentières (Nord).
EDWARDS, W.-H., à Torquay (Angleterre).
FIERENS DE HERT, à Anvers (Belgique).
FONTAINE, R., à Marcq-en-Barœul (Nord).
HANSENNE, A., à Verviers (Belgique).
HOLLERT, A., à Boulogne-sur-Mer.
HONORÉ, A., à Armentières (Nord),
HUE, E., à Lieurey (Eure).
JOSEPH, V., à Uccle-Stalle (Belgique).
LAMBRECHTS, J., à Bruxelles (Belgique).
LAVAL, P., à Castres (Tarn).

MM. LEMAITRE, R., à Paris.
LONGRÉE, à Waremme-lez-Liège (Belg.).
MATTHES, G., à Schonbach (Saxe).
MARIQUE, A., à Bruxelles (Belgique).
MICHIELS, G., à Anvers (Belgique).
MICHIELS, J., à Termonde (Belgique).
MONSEU, P., à Haine-Saint-Pierre (Belgique).
PAUWELS, R., à Bruxelles (Belgique).
PERROLLET, Th., à Paris.
POLVLIET, P., à Rotterdam (Hollande).
RAUSENS, A., à Waremme-lez-Liège (Belgique).
RICHARDSON, G.-W., à Roubaix.
ROHN, W., à Roubaix.
ROUSSEAU, A., à Paris.
TIXHON, Mme E., à Fléron (Belgique).
VAN ALPHEN, R., à Anvers (Belgique).
VOITELLIER, J., à Mantes (S.-et-O.).
WAGENER, J., à Bruxelles (Belgique).
WEERTS, E., à Roubaix.
WILLEMS, J., à Gand (Belgique).

Ainsi que plusieurs autres Collaborateurs qui ont voulu garder l'anonymat.

PREMIÈRE PARTIE

Décrite par M. R. De Boeve

1. L'installation du colombier. — 2. Mobilier du colombier. — 3. La connaissance de distinguer les sexes. — 4. La façon d'entretenir les colombiers. — 5. L'alimentation. — 6. La consanguinité. — 7. Les accouplements. — 8. La sélection. — 9. La ponte. — 10. L'incubation. — 11. L'éclosion. — 12. L'élevage. — 13. La mue. — 14. La colombine.

N° 1 — L'INSTALLATION DU COLOMBIER

L'installation du colombier se fait selon l'habitation que l'on occupe ou l'emplacement dont on dispose.

Il doit être installé au Sud-Est, afin d'éviter le vent du Nord qui est désastreux, à cause des froids continuels dans le colombier ; celui qui est exposé vers l'Ouest y amène souvent l'humidité.

Cet emplacement a une importance capitale, afin de pouvoir y observer les règles de l'hygiène, indispensables, pour éviter les conséquences les plus funestes.

Le colombier doit être installé dans l'endroit le plus élevé de son habitation, a l'abri de l'humidité, mais dans lequel l'air doit se renouveler sans cesse.

L'étendue du colombier doit être calculée selon le nombre de pigeons que l'on désire y installer, parce que l'encombrement est toujours nuisible d'abord à la santé des pensionnaires, puis à la reproduction, qui en devient nulle.

Une foule de trappes ont été inventées, mais je conçois que le système le plus simple est certainement le plus pratique et donnera les meilleurs résultats aux colombophiles.

La trappe doit être placée le plus près du faîte de la maison, afin d'avantager le plus possible la rentrée des pigeons.

À l'entrée de la porte du colombier, on dispose une planche de 0ᵐ 10 à 0ᵐ 15 centimètres de hauteur, debout sur le plancher, contre laquelle la porte d'entrée vient se refermer, au moyen d'un contre-poids ou d'un ressort,

Cette planche ainsi placée, empêche les poussières et les plumes de s'échapper du colombier et de se répandre dans le reste de l'habitation.

Nᵒ 2 — MOBILIER DU COLOMBIER

Le mobilier du colombier comprend les cases, nids, perchoirs, mangeoire et abreuvoir.

Les *Cases*, pour être convenablement installées, ne peuvent pas avoir moins de 0ᵐ 40 centimètres de profondeur sur 0ᵐ 60 de largeur, séparées chacune en deux parties à l'intérieur.

Afin d'en faciliter le nettoyage, la façade des cases devra être mobile, ayant à sa devanture, une petite planche en saillie, qui peut se relever ou s'abaisser à volonté, au moyen d'une charnière, par ce moyen on peut renfermer les pigeons que l'on désire, dans chacune des cases dans lesquelles on veut les faire reproduire.

Ces cases ainsi installées, ont aussi l'avantage que lorsque des mâles sont en voyage, on peut y enfermer les femelles qui peuvent tranquillement continuer leur couvée sans être inquiétées par d'autres mâles.

Autant que possible, on place les cases contre le jour, afin de donner une demi-obscurité aux reproducteurs.

Dans chacune des deux parties de chaque case, on place un nid, parce que bien souvent les bons reproducteurs ont en même temps des œufs et des jeunes et, quand les jeunes ont dix-huit à vingt jours, la femelle fait déjà une nouvelle ponte. Si donc chaque case ne contenait qu'un nid, il arriverait que la femelle serait obligée de pondre près de ses jeunes, lesquels recouvriraient les nouveaux œufs d'excréments, ou bien si la femelle voulait couver, elle expulserait les jeunes du nid ; si par malheur ils tombaient de la case ͵et qu'ils veuillent se réfugier, soit dans une autre case ou dans un coin du colombier, ils seraient poursuivis par les autres pigeons qui les frapperaient sans fin, qui les détruiraient même, si l'amateur n'arrive pas à temps et n'a pas constamment l'œil sur les détails de son colombier.

Les meilleurs *Nids* employés habituellement par les véritables amateurs, sont en faïence ou en plâtre, en forme de plateaux sur trois pieds, afin de les empêcher de se pencher lorsque les reproducteurs prennent leurs nids.

À mon avis, je préfère les nids en faïence, parce que la porosité des nids en plâtre peut engendrer la vermine et sont sujets à l'humidité. De plus, les déjections des pigeonneaux venant à s'y attacher plus facilement, on comprendra le développement rapide des miasmes putrides.

Je conseillerai encore moins d'employer des nids en osier ou en bois, parce que leurs parois sont des berceaux de vermine et d'infection, qui sont des causes certaines de non réussite dans la reproduction.

Le colombier doit contenir des *Perchoirs*, soit des batons arrondis de 0^m03 à 0^m04 centimètres de diamètre, soit des planches de 0^m10 centimètres de largeur, placés en travers du colombier, au dessus d'hauteur d'homme, à une distance de 0^m50 centimètres l'une de l'autre, afin que les pigeons puissent s'y poser et conserver ainsi leur propreté ou la fraîcheur de leur plumage. On peut même y faire des séparations, afin d'éviter les querelles, et chacun, de cette façon, s'habituera là a place qu'il aura choisie et à supporter le voisinage de ses co-pensionnaires. Ces perchoirs sont plus souvent occupés par les mâles, quand les femelles vaquent aux soins de leurs couvées. Ils servent aussi aux jeunes, mais il est préférable de placer ces derniers dans un colombier spécial, aussitôt qu'ils peuvent se nourrir euxmêmes, afin de ne pas être constamment en but aux querelles avec les adultes. D'un autre côté, les jeunes étant dans un colombier spécial, ne se perdront pas si facilement à leurs premières sorties du colombier, parce qu'on pourra ainsi différer leurs heures de sortie avec les adultes et ne s'élanceront pas avec ces derniers pour se perdre bien souvent, ne pouvant pas les suivre, étant à bout de force.

La majeure partie des colombophiles jettent la nourriture au milieu du pigeonnier ; cette nourriture va se mêler avec les déjections, elle est piétinée et de cette façon beaucoup de graines sont perdues ou peuvent ainsi engendrer des affections. A cet effet, je conseille d'employer une *Mangeoire* des plus simples, en forme de trémie, que tout un chacun peut fabriquer lui-même avec n'importe quelle caisse, dans laquelle on dispose une planche à l'intérieur en forme d'entonnoir. Les graines y descendent ainsi insensiblement et ne s'accumulent, ni ne s'entassent pas dans la partie exposée aux becs des pigeons. Cette partie forme un rectangle allongé, en pente douce, et est divisée par de gros fils de fer, ainsi que l'ouverture proprement dite. C'est en somme une sorte de ratelier renversé auquel chaque division correspond à un pigeon. De cette façon, la dispute des grains est impossible et les pigeons peuvent ainsi s'alimenter à leur aise, sans se quereller. De plus, ce système protège la nourriture contre les déjections et assure une propreté irréprochable dans l'alimen- tation.

Il faut éliminer tous les *Abreuvoirs* en zinc, parce qu'ils exhalent des émanations très malsaines, qui nuisent considérablement à la santé des pigeons.

On peut se servir avec avantage d'abreuvoir en grès, dont nous avons vu d'excellents modèles de la maison Paul Monseu, fabricant de céramiques à Haine-Saint-Pierre (Belgique), qui se vendent à des prix très modérés. Entre autres, l'abreuvoir en grès avec goulot, de cette maison, est très avantageux, parce que lorsqu'on enferme des pigeons, soit pour les accouplements ou autres, dans un endroit ou case très restreint, on le place à l'extérieur pour n'y introduire que le goulot ; de cette façon, les pigeons ne trouvent pas le moyen de venir s'asseoir sur l'abreuvoir et d'y déposer leurs déjections, qui très souvent viennent tomber dans l'eau de boisson.

De tout temps, le grès a été le plus préconisé pour conserver la fraîcheur des liquides ; de plus, il est toujours propre, facile à net- toyer et maintient le mieux la fraîcheur de la boisson, à laquelle on additionne 2 ou 3 grammes de sulfate de fer par litre. Le sulfate de fer étant un excellent désinfectant et fortifiant qui favorise la pousse des plumes par le soufre qu'il contient.

On peut aussi se servir avec confiance d'un nouveau système d'abreuvoir en fonte, inventé par MM. Desaegher et Duyck, fondeurs à Roubaix, qui est d'une forme très gracieuse et donne aux pigeons une boisson saine et toujours fraîche, même par les plus grandes chaleurs.

Cette fonte qui est brute, communique à l'eau un puissant tonique en la rendant ferrugineuse ; dans le milieu extérieur du globe de cet abreuvoir, se trouve tout le tour un filet qui empêche les déjections de glisser tout le long de cette fontaine et de tomber dans l'eau servant de boisson aux pigeons. De plus, par les plus grandes gelées, aucune ne peut parvenir à se fendre. De l'avis général des amateurs qui se servent de cet abreuvoir, on ne rencontre plus dans leurs colombiers, la multitude des maladies, telles que muguet, mauvaise mue, etc., qui provenaient souvent de l'eau qui avait séjourné trop longtemps dans les fontaines en zinc et autres.

Ces abreuvoirs se vendent chez les inventeurs, en deux dimensions, dont la première, au diamètre de 0ᵐ 30 centimètres, contenance 12 litres, se vend 8 fr. ; la deuxième, au diamètre de 0ᵐ 22 centimètres, contenance 5 litres, se vend 4 fr. 50. Ces abreuvoirs se font également en différents diamètres de soubassement, à l'usage des pigeons, poules, pintades, faisans et toutes espèces de petits oiseaux.

Je ne saurais donc assez engager les amateurs à se procurer les abreuvoirs des maisons Paul Monseu, à Haine-Saint-Pierre (Belgique) ou Desaegher et Duyck, à Roubaix, qui sont des appareils de la plus grande nécessité pour maintenir les pigeons dans le meilleur hygiène.

N° 3 — LA CONNAISSANCE DE DISTINCTION DES SEXES

Cette question qui est une des plus importantes pour l'amateur, n'a presque jamais été résolue. Cependant elle mérite et il est indispensable d'indiquer comment on peut distinguer le mâle de la femelle.

Une longue expérience et la grande habitude d'avoir des pigeons sous les yeux, permettent à l'amateur approfondi, de distinguer à première vue le mâle de la femelle, parce que celui-ci a la tête plus arrondie, le corps plus gros et plus fort, le bec et les caroncules nasales plus développés et enfin les allures plus vives que chez la femelle.

Tandis que la femelle a d'habitude la tête plus plate, le corps plus petit, le bec et les caroncules nasales beaucoup moins développés et les allures plus calmes et plus sédentaires que chez le mâle.

Pour les pigeons adultes, qui ont déjà reproduit, les méprises ne sont pas possibles. On reconnaît distinctement la femelle, par l'écartement de la *fourchette*, c'est-à-dire des deux os grêles et allongés, qui dans les pigeons, remplacent les pubis formant le bassin dans les mammifères, écartement qui permet d'y introduire le doigt, tandis que chez le mâle, cette intromission ne peut avoir lieu que très difficilement.

Pour les jeunes pigeons, bien des amateurs ont prétendu reconnaître le sexe des jeunes pigeons au nid ; c'est-là une appréciation exagérée que le hasard seul peut préciser. Quand les jeunes au nid sont bien portants, lorsqu'on en approche la main, ils se relèvent et ouvrent le bec, comme pour vouloir se défendre.

Beaucoup prétendent que quand un jeune fait cette manœuvre, que c'est un mâle et j'ai pu constater maintes fois que c'est son état primitif de vigueur qui en est la cause et que bien souvent, celui que l'on croit mâle, est femellle, et réciproquement.

Nº 4 — LA FAÇON D'ENTRETENIR LES COLOMBIERS

Tous les ans, avant la reproduction, c'est-à-dire en février-mars, les amateurs feraient bien de blanchir leur colombier à la chaux, bien collée et mélangée avec du pétrole ou du phénol (un litre sur cinq à six litres de chaux liquide), afin d'en faire disparaître tous les parasites qui pourraient nuire à la reproduction.

En mettant, sur toute l'étendue du colombier, du menu gravier ou du gros sable, la colombine où les déjections ne s'attacheront pas au plancher et ne donneront pas accès à la fermentation, du moment que le nettoyage se fait aussi souvent que possible.

Le colombier doit être nettoyé à fond dans les cases, nids, parois, etc., et je conseille à tous les amateurs que ce nettoyage soit fait par la même personne, afin de ne pas effrayer les reproducteurs, qui s'y habitueront. Même dans les centres colombophiles, il y a des personnes de confiance qui ont l'habitude de faire ce travail à la perfection, en échange de pouvoir enlever la colombine gratuitement, et qui agissent avec la plus grande précaution pour ne causer aucun dérangement dans les colombiers.

Dans tous les colombiers bien tenus, il doit y avoir un grattoir, une raclette dont les dents sont serrées à un demi centimètre de distance, une pelle et une brosse à manche.

Le grattoir doit être plat, d'une dimension de 0ᵐ15 centimètres, avec un manche de 0ᵐ25 centimètres, afin que celui qui doit s'en servir, puisse y donner sa force, pour d'enlever la colombine qui se durcirait et se sécherait dans les cases, nids ou plancher.

La raclette doit servir à diviser le menu gravier ou le gros sable, afin d'attirer toutes les déjections qui s'y trouvent mêlées ; la pelle et la brosse serviront à ramasser les déjections et ainsi terminer la toilette du colombier.

N° 5 — L'ALIMENTATION

La véritable nourriture des pigeons est la vesce, la féverolle, le riz, le froment et le maïs.

Pour maintenir les pigeons en bonne santé, il faut surtout veiller à la qualité des graines et à ce que la boisson soit bien propre.

La vesce doit être pesante, arrondie, l'enveloppe noire et luisante ; toutes les graines de même grosseur, sans moisissure, sans aucun mélange d'autres graines et autant que possible elle doit être surannée, parce que la vesce trop jeune occasionne des dévoiements qui altèrent, en général, la santé des pigeons.

Les qualités de la féverolle doivent être observées dans les mêmes conditions que celles du maïs, riz, froment et la vesce sus-indiquée.

La vesce et la féverolle doivent se donner en bien plus grande quantité, c'est-à-dire à trois quarts de fois de plus que le maïs, riz, froment, navette, etc., que l'on donne principalement aux pigeons pour varier un peu leur nourriture.

On fait trois distributions par jours, savoir : le matin, le midi et le soir, surtout pendant la saison de reproduction.

En été, pendant la saison de reproduction et de fatigue, les rations se donnent à raison de 30 grammes par pigeon à chaque repas, tandis qu'en hiver, ces rations peuvent être réduites à 20 grammes, à cause de sa non-activité.

On peut donner du chenevis aux pigeons, par petite quantité, au moment de la reproduction, mais lorsqu'il est donné outre mesure, il échauffe plutôt les pigeons et occasionne les dévoiements.

Je conseille aux amateurs soucieux de la bonne santé de leurs pigeons, de leur donner, tous les mois, de la graine de lin en quantité modérée, ce qui leur servira de purge et maintiendra leur santé.

Dans tous les colombiers bien tenus, il doit se trouver un plat contenant une pierre de sel-gemme, que les pigeons affectionnent énormément.

On peut aussi leur donner de la morue salée et desséchée, que l'on attache aux murs du colombier, à leur portée.

Il est utile aussi de donner aux reproducteurs des écailles d'œufs pilées, afin que les femelles puissent posséder le calcaire nécessaire à la formation de la coque des œufs.

D'autres amateurs se procurent dans les vieilles constructions, de l'argile desséchée, qu'ils concassent, y ajoutent autant d'écailles d'œufs pilées, de navette et de sel, prétrissent le tout ensemble avec de l'eau et le laisse durcir au four. Ce plat est servi aux pigeons, qui en sont très friands, et forme un aide puissant pour la ponte.

N° 6 — LA CONSANGUINITÉ

Plusieurs auteurs se sont lancés dans des discussions interminables concernant la consanguinité, et je crois, à mon avis et d'après les longues années d'expérience que j'ai acquises, que la consanguinité peut donner d'aussi bons résultats que les croisements des races, quand les accouplements ont été bien compris par le colombophile.

N'entend-t-on pas souvent dire par tel ou tel colombophile qui remporte de nombreux succès depuis des années : Ce mâle et cette femelle sont les parents de tout mon colombier. C'est donc une preuve évidente que les effets de la consanguinité ont du bon comme les croisements bien compris peuvent obtenir les mêmes avantages.

M. Rodenbach, de Bruxelles, convient, dans la polémique si vive qu'il a eu avec M. V. La Perre de Roo (qui est, à mon avis, un des meilleurs écrivains colombophiles de notre époque), au sujet de la consanguinité, qu'il faut pratiquer la consanguinité pour former une espèce; donc, pourquoi détraquer la consanguinité et préconiser cette méthode ?

Le plus grand défaut du colombophile est l'impatience ; il veut aller beaucoup plus vite que ne peuvent le faire ses pigeons et s'il était patient, il obtiendrait les bons résultats que sa persévérance lui réserverait.

Je suis donc d'avis, que du moment que des sujets consanguins donnent de bons résultats, de ne pas proscrire ces accouplements, afin de se baser sur la loi d'hérédité par laquelle les parents ont la faculté de transmettre à leurs descendants leurs qualités générales.

Nº 7 — LES ACCOUPLEMENTS

La question des accouplements est certainement une des règles essentielles de l'élevage, parce que les accouplements bien raisonnés sont toujours une grande part de la chance de succès dans la reproduction.

L'accouplement se fait sans difficulté aux mois de mars-avril, lequel ne demande que trois ou quatre jours à cette époque.

Les pigeons que l'on veut accoupler doivent être enfermés dans la case dans laquelle on désire les faire reproduire.

Il est prudent, si le mâle a été accouplé dans le même colombier avec une autre femelle, d'enlever celle-ci du pigeonnier pendant quelques jours, parce qu'autrement, elle retournerait auprès de son ancien mâle et chasserait sa rivale, ce qui nuirait sensiblement à la reproduction des nouveaux époux.

Nº 8 — LA SÉLECTION

La sélection est l'amélioration des races par le choix des reproducteurs. Ceci est une question très importante qui met en évidence les connaissances et la pratique du véritable colombophile.

Il doit savoir de quel côté pêche tel mâle, pour remédier à sa reproduction, en lui donnant telle femelle possédant telle qualité.

Ainsi le pigeon voyageur liégeois ou verviétois a l'énergie et la vivacité de la vue, mais son manque d'envergure, son bec court et le dégagement de son cou trop prononcé, lui nécessite le croisement avec le pigeon voyageur anversois, qui possède la grande envergure et la force, néanmoins qu'il a aussi les défauts d'avoir les morilles trop développées, son volume de chair et sa grande élévation des pattes, et par suite de l'union de ces deux races, l'on obtient des sujets pouvant voler très vite et très longtemps, tout en possédant au plus haut degré l'instinct d'orientation obtenu par la pratique des entrainements.

C'est en cherchant à modifier les formes organiques existantes, que l'on peut obtenir des produits possédant des qualités supérieures à leurs parents.

Lorsqu'un amateur veut accoupler deux sujets, il doit faire une étude approfondie du mâle et de la femelle, afin d'examiner leurs qualités, leurs défauts et leur provenance. C'est là que la pratique raisonnée du vrai colombophile doit agir, afin de faire une sélection donnant des chances de réussite.

N° 9 — LA PONTE

La ponte chez les pigeons peut s'opérer de six à huit fois par an.

Nous avons observé que la ponte du premier œuf a lieu de midi à deux heures et celle du second œuf, le surlendemain, entre quatre et six heures du soir, c'est-à-dire cinquante-deux à cinquante-quatre heures après la ponte du premier œuf.

Deux à trois jours à l'avance, l'amateur s'aperçoit que la femelle prépare sa ponte ; elle vole moins et est plus calme, se tient sur le nid, ses ailes sont légèrement pendantes et laissent le croupion à découvert.

Il y a des femelles qui ne pondent qu'un seul œuf et cela s'observe principalement chez une jeune femelle, à sa première ponte, mais dont les pontes successives et suivantes donnent régulièrement ses deux œufs.

N° 10 — L'INCUBATION

L'incubation commence aussitôt après la ponte du deuxième œuf ; elle est partagée entre le mâle et la femelle ; le premier couve pendant quatre heures de l'après-midi, tandis que la femelle ne quitte pas le nid pendant toute la nuit et la plus grande partie de la matinée. Si, pendant ce temps, elle éprouve le besoin de boire ou de manger, c'est à la hâte qu'elle le fait, pour regagner son nid aussitôt.

Si l'on désire savoir si les œufs sont fécondés, on les tient au jour, entre le pouce et l'index. Si l'on fait cette opération après quatre ou cinq jours d'incubation, si l'œuf est fécondé, on aperçoit le centre de quelques traits fins et déliés qui sont les vaisseaux sanguins. Aussitôt après, l'œuf commence à perdre sa transparence et finit par acquérir une teinte grisâtre.

Au contraire, si les œufs sont clairs, ils restent transparents, et en les secouant légèrement, on perçoit un bruit de liquide, ce qui ne laisse plus aucun doute de l'infécondité de l'œuf.

On rencontre parfois des couples de pigeons dont les œufs sont constamment clairs et si l'on tient à savoir duquel des deux dépend cette infécondité, il n'y a d'autres moyens que de les découpler.

On donnera un autre mâle à la femelle et une autre femelle au mâle et on n'attendra pas longtemps pour avoir l'énigme de cette improduction.

Chacun sait que l'incubation dure dix-sept jours et douze à quinze heures. A ce moment, en examinant la surface de l'œuf, on peut reconnaître si l'embryon est vivant et si l'éclosion va se faire.

Un jour à l'avance, la coquille est fendue, avec des fissures rayonnantes. Elles sont produites par le bec du pigeonneau, qui a poussé de dedans en dehors; par cette fente, il reçoit l'air, ses poumons se dilatent et la coquille finit par se diviser en deux parties, pour laisser sortir le pigeonneau.

N° 11 — L'ÉCLOSION

Il est de la plus haute importance que l'éclosion ait lieu à l'époque normale; lorsqu'elle fait défaut, les parents deviennent malades et peuvent contracter une affection très grave, souvent mortelle, qui s'appelle « Ladre », ou « lait répandu ». Si les œufs sont béchés et qu'ils sont fendillés, c'est que l'éclosion va se faire; mais si on s'aperçoit que les pigeonneaux ne peuvent se débarrasser de leur coquille, il faudra absolument tenter de les aider à sortir, soit en fendillant légèrement la coquille en plusieurs endroits, soit en la soulevant légèrement sans en enlever toute la coque, parce que la moindre blessure tue le pigeonneau infailliblement.

Si les pigeonneaux meurent au moment de sortir des œufs, il est bon et même nécessaire de donner aux parents d'autres jeunes à nourrir, afin d'éviter l'affection citée ci-dessus.

N° 12 — L'ÉLEVAGE

Aussitôt après l'éclosion, commence l'élevage. Dès les premiers jours, les pigeonneaux sont simplement couverts d'un duvet jaunâtre et sont entourés des soins les plus assidus de la part des parents, qui les couvrent chaudement. Ils reçoivent l'alimentation de ceux-ci par une bouillie de l'œsophage, à l'endroit où cet organe se dilate pour former le jabot et qui se forme aussitôt que le pigeonneau est sorti de l'œuf.

Pendant les premiers jours, la sécrétion est facilement refoulée dans le bec des petits et c'est à peine que l'on aperçoit la contraction du jabot. Mais il en est autrement lorsque les pigeonneaux grandissent et que les parents doivent leur fournir les aliments tels qu'ils les ont pris. Alors les mouvements du corps sont pénibles et et ils en éprouvent une grande fatigue. Il faut pour cela que les nourriciers reçoivent une forte nourriture, parce que leur santé ainsi que celle de leurs jeunes, en dépendent.

Les pigeonneaux doivent être tenus à l'abri de l'humidité, des courants d'air et d'une trop grande clarté.

On doit avoir soin de les toucher le moins possible et nettoyer souvent les abords de leur couchette.

Les pigeonneaux, en naissant, ont l'instinct de ne pas salir l'intérieur de leur plateau ou nichette, car à peine sont-ils sortis de l'œuf qu'on les voit, pour satisfaire leurs besoins, se reculer à cet effet, jusqu'à ce qu'ils aient atteint le bord de leur plateau ou nichette. Un peu de sable bien sec est très bon pour servir de couche aux jeunes pigeons.

Les pigeonneaux ne quittent leur nid que lorsqu'ils commencent à manger seuls. C'est alors qu'on les voit poursuivre leurs parents auxquels ils demandent censément la nourriture qu'ils ne peuvent encore prendre eux-mêmes, et cela pendant plusieurs jours, jusqu'à ce qu'ils puissent manger seuls.

N° 13 — LA MUE

La mue est une fonction et n'est nullement une maladie, comme l'ont prétendus plusieurs auteurs. C'est l'opération par laquelle les pigeons changent annuellement de plumage.

Elle dépend de l'état de santé, de la nature du pigeon, du régime auquel il est soumis, etc.

Chez les jeunes pigeons, la mue commence dès qu'ils sont

capable de pourvoir à leurs besoins personnels, tandis que chez les adultes, elle a lieu vers le mois de juin, pour se terminer fin octobre.

Chaque pigeon fait une mue différente, c'est pour cela qu'il est impossible de déterminer exactement les époques auxquelles elle s'opère. On ne peut juger le développement d'un jeune pigeon que lorsqu'il a entièrement mué.

Lorsque la mue se fait dans de mauvaises conditions, il faut donner aux pigeons une forte nourriture, leur donner un logement obscur et leur prodiguer les soins les plus minutieux; bientôt un mieux sensible se fera sentir et ils seront sauvés.

Les petites plumes muent les premières et ensuite les grandes pennes des ailes et de la queue.

Dès qu'une penne est à peu près à longueur, celle qui la suit par ordre de grandeur, tombe aussitôt, et donne naissance à une nouvelle penne et ainsi de suite, jusqu'au complet muage du pigeon.

La mue ne change pas la couleur du plumage des sujets qui ont déjà mué au moins une fois, mais les teintes sont plus foncées et plus nettes à chaque mue successive.

N° 14 — LA COLOMBINE

Comme je l'ai déjà dit, à l'article 4 de cette première partie (la façon d'entretenir des colombiers), la colombine dénommée aussi fiente ou déjections, doit être enlevée du colombier le plus souvent possible, afin d'en éviter la fermentation, dont les émanations sont très préjudiciables aux pigeons.

La colombine en poussière fait tousser les pigeons et leur occasionne à la glotte des tumeurs inflammatoires qui peuvent les indisposer très gravement. Quand elle est humide, elle s'attache à leurs pattes et s'ils se grattent aux yeux, elle leur occasionne des inflammations qui donnent naissance à des boutons tuméfiés.

Elle est un puissant engrais pour les terrains humides, double la récolte de beaucoup de plantes, quand elle est employée à dessein et qu'on sait la préparer à cet effet, parce qu'elle est tellement chargée de matières salines, que quand on l'expose trop longtemps à l'air, par des temps pluvieux, on risquerait en la répandant trop vite et sans la mélanger avec du terrain végétal, et dans une quantité trop grande, d'altérer les semailles et de détruire les principes de la production.

Quand on touche à la colombine fraiche ou vieille, il faut surtout éviter qu'elle n'entre pas dans les yeux ; vieille, elle y cause des inflammations ; fraiche, elle pourrait aveugler.

DEUXIÈME PARTIE

PIGEONS VOYAGEURS

DÉCRITS PAR PLUSIEURS COLOMBOPHILES BELGES ET FRANÇAIS

N° 1 — RACE ANVERSOISE

PIGEON DE VOYAGE ET PIGEON D'EXPOSITION

Décrit par M. Fierens - De Hert, d'Anvers (Belgique).

Depuis bientôt trente ans, je m'occupe de l'élevage des pigeons de toutes sortes et pendant tout ce temps, c'est le pigeon voyageur qui a dû gagner ma préférence.

C'est aussi à lui que j'ai voué presqu'exclusivement tous mes soins durant la dernière douzaine d'années.

Qu'il soit donc permis à cet amateur colombophile, déjà vieux, de donner la description du pigeon voyageur de la race anversoise.

La ville d'Anvers est une des contrées de la Belgique, de l'Europe même, où l'on trouve comparativement le plus d'amateurs sincères et dévoués à ces jolis oiseaux.

Mais tous n'ont pas la race pure ; beaucoup de nos voyageurs sont de race croisée.

Comme le pur sang anversois est très recherché et fort estimé partout, voici les signes distinctifs qu'ils doivent posséder généralement : à l'état d'adulte, il doit être alerte et vif, aimable pour sa compagne et même en être jaloux, qualité qu'elle lui paie de bon cœur.

Ils sont soigneux pour leurs œufs et plein de tendresse pour leurs jeunes, qu'ils élèvent avec une véritable passion.

Le corps doit être bien développé, bien élancé et posé élégamment sur les pattes ; la fourchette (sternum) doit être bien droite, la poitrine très large et robuste, le dos plein, les ailes bien fournies de duvet, les pennes en sont longues et fortes, se croisant jusqu'à l'extrémité de la queue ; elles sont douées d'une grande force, sans être raides ; au contraire, elles doivent être molles à la main.

Il a la tête bien ronde, le bec en proportion de la tête et le cou moyen et bien porté ; les yeux sont vifs avec les bords extérieurs (caroncules) très minces et d'un blanc tout à fait pur.

Les tout jeunes pigeons doivent avoir le bec et les pattes entièrement noirs et les excroissances autour des yeux noirâtres. C'est ainsi que je les aime à voir au nid et c'est aussi à ceux-là que je consacre mes meilleurs soins.

Divisons la race anversoise en pigeon de voyage et pigeon d'exposition. L'un et l'autre doivent être de race pure et n'ont de différence qu'à la forme du corps.

Le pigeon anversois de voyage est plus ramassé de corps que celui d'exposition et néanmoins est bien proportionné dans toutes ses parties, avec des ailes fortes et d'une grande envergure.

Les pigeons qui ont des défauts corporels, par exemple, qui ont la fourchette courbée, doivent être rejetés ; un homme boiteux saurait-il courir aussi bien qu'un autre qui n'a pas ce défaut ?

Le pigeon anversois d'exposition doit être l'élégance personnifiée sous tous les rapports, d'une taille tout à fait bien développée et d'un plumage riche, éclatant, et sans le moindre défaut.

Comment faire pour cultiver de beaux sujets d'exposition et de beaux sujets de voyage ?

L'expérience seule peut être ici notre guide unique.

Cette expérience, acquise par une longue observation, nous apprendra comment il faut faire les accouplements, et pour les expositions et pour les concours, ainsi que pour la couleur du plumage que l'on veut obtenir et que l'on doit tâcher de ne pas affaiblir ; au contraire, que l'on doit toujours renforcer autant que possible.

Surtout pas de croupion blanc pour les sujets d'exposition ; ce n'est pas un vrai défaut, mais il diminue la valeur du sujet.

Ayant de beaux et bons sujets de race pure, il ne peut donc être difficile d'arriver au résultat désiré, en voulant suivre attentivement pendant quelques années, les produits de ces accouplements, pourvu que l'on connaisse les ancêtres et ce qu'ils ont donné, concernant la formation du corps et de la couleur.

N° 2 — RACE VERVIÉTOISE

Décrite par M. Alexandre Hansenne, *de Verviers (Belgique).*

Nous nous attacherons spécialement à la description du pigeon voyageur verviétois, les pigeons liégeois présentant des points de dissemblance avec les nôtres.

Origine. — L'ancien pigeon voyageur verviétois, dont les qualités étaient si enviées de tous les amateurs et lui a valu sa réputation universelle, provient, d'après M. le docteur Chapuis, auteur du « Pigeon Voyageur », d'un croisement du pigeon cravaté français avec le pigeon camu.

Petit de taille, formes courtes et robustes, dos large, poitrine bien développée, plumage dense et bien fourni, tels sont ses caractères distinctifs. Le bec est court et légèrement arrondi à la face supérieure, l'ovale de la tête est régulier, les pattes sont petites et nues, l'œil est vif, l'iris est coloré rouge ou marron vif.

Dans le but d'empêcher la dégénérescence des forces de cette race de pigeons si renommée, les amateurs entreprirent de croiser leurs sujets avec des races plus robustes.

Après trois ou quatre générations, on obtint une race de pigeons renfermant 1/16 environ de sang étranger, dont la force fit valoir plus encore les qualités d'orientation de notre ancienne race.

Cette race présente tous les caractères de l'ancienne race verviétoise, mais les formes seules ont été sensiblement développées.

Caractères. — Petit de taille, cou court et trapu, œil et nez à peu près dépourvus de membranes, poitrine et dos larges et bien développés, notre pigeon verviétois actuel, est l'intermédiaire entre l'ancienne race verviétoise et la race anversoise. Son œil est vif, sa queue courte et resserrée aux pennes qui se recouvrent complètement les unes les autres.

2

Au repos, les ailes sont serrées contre le corps et leur extrémité au 3/4 de la longueur de la queue, et quelquefois davantage.

La coloration du plumage est très variée : rouge, bleu uni, bleu clair écaillé de noir, surlet, enfin toutes les nuances s'y rencontrent. Les plus répandues sont la couleur écaillée foncée ou bleue.

Nos pigeons sont très résistants à la fatigue, leur vol rapide et soutenu fait valoir leur instinct d'orientation excessivement développé.

Le caractère dominant de notre race est la persistance de ces qualités.

Nos volatiles peuvent prendre part avec succès aux joûtes colombophiles pendant de nombreuses années, c'est-à-dire jusqu'à l'âge de douze à quinze ans.

Nous avons obtenu en croisant à outrance des sujets remarquables, ne présentant plus les caractères ni les formes de notre ancienne race. Mais nous avons remarqué que ces pigeons ne conservaient leurs qualités que peu de temps. Après deux ou trois campagnes, ces sujets étaient épuisés et leurs qualités complètement atrophiées.

Reproduction. — Le pigeon voyageur verviétois est très prolifique. Il s'accouple facilement et reste fidèle à sa compagne, si ses amours ne sont pas contrariées.

Les amateurs accouplent d'habitude au commencement de mars. — De cette époque au mois de septembre, un couple de pigeons, conservé pour la reproduction et par conséquent ne voyageant pas, peut élever trois, et même quatre couples de jeunes.

Après le mois de septembre, on ne laisse plus produire les pigeons, pour ne pas les épuiser et aussi parce que les jeunes obtenus à cette époque, ne peuvent faire, cette année, une mue complète. La période d'incubation commence immédiatement après la ponte du second œuf et dure environ 17 jours et 15 heures.

La femelle couve toute la nuit et une partie de la matinée. Le mâle la remplace tous les jours de 11 heures à cinq heures. Les œufs éclos, le mâle et la femelle se partagent le soin de nourrir leur progéniture ; cependant, nous avons remarqué que le mâle nourrit plus et plus longtemps que la femelle ; celle-ci, les jeunes commençant à se couvrir d'un léger duvet, se prépare déjà à une nouvelle ponte.

Habitudes. — Le pigeon verviétois se distingue surtout par le profond attachement qu'il porte à son pigeonnier. Nous avons remarqué des sujets qui, vendus à l'étranger, rentraient à leur ancien colombier après deux, trois, et même cinq ans d'absence.

Le caractère dominant de nos volatiles est la gaîté. Toujours en mouvement, il vole d'une case à l'autre en roucoulant, quitte fréquemment son colombier pour tournoyer quelques temps dans les airs, puis rentre dans sa case, roucoule en entourant de ses cercles nombreux, toute femelle qui se trouve sur son passage.

Sa gaîté se manifeste surtout lorsque, prenant son essor, il s'élance dans les airs en frappant violemment ses ailes l'une contre l'autre, ce que nous appelons vulgairement « clapter ».

Très familier de sa nature, notre pigeon s'apprivoise aisément, à tel point que chez les amateurs soigneux, nous avons les pigeons qui viennent manger dans les mains, se percher sur les bras, sur les épaules et poursuivre même leur maître jusqu'à ce qu'ils aient reçu leur nourriture, ce qui les rend beaucoup moins farouches pour les rentrées des voyages.

N° 3 — RACE LIÉGEOISE

Décrite par M. A. Rausens, médecin à Waremme-lez-Liège (Belgique).

Le pigeon voyageur liégeois se distingue des autres races de pigeons voyageurs par ses formes élégantes et mignonnes.

Il a le bec court, avec mandibule supérieure à caroncules peu développées. Il a la tête bien arrondie et assez forte.

Ses yeux sont brillants, petits, entourés de paupières peu développées, c'est-à-dire très fines et minces et de couleur absolument blanche, sans aucun mélange de rose ou de rouge.

L'iris est coloré différemment ; tantôt il est couleur rouge-marron, sous teinte jaunâtre, tantôt la couleur jaune prédomine sur le rouge ; chez d'autres le blanc prédomine sur le rouge et nous avons alors ce qu'on appelle des yeux blancs. Cette dernière coloration de l'iris est très recherchée de la plupart des amateurs d'élite.

Le cou, chez le pigeon liégeois est court et garni de plumes fines et étroites.

La poitrine est large et développée, bien garnie de plumes ; le bréchet est rectiligne et court, garni d'une musculature condensée.

Les ailes sont longues et fortes, composées de rémiges larges. Elles viennent se réunir sur la queue par leur extrémité, à environ un centimètre et demi ou deux centimètres de l'extrémité de la queue.

La queue est étroite et ses rectices sont superposées ; de sorte qu'en ayant un pigeon voyageur liégeois dans les mains, on ne voit pour ainsi dire, qu'une rectrice.

Les pattes sont plutôt courtes que longues.

Quand au plumage, il y en a des noirs, des blancs, des bleus, des rouges, des écaillés, des macotés, etc., mais ce sont néanmoins les bleus et les écaillés qui prédominent.

N° 4 — RACE MIXTE

Décrite par M. LONGRÉE, *de Waremme-lez-Liège (Belgique).*

Le pigeon-voyageur de race mixte est le croisement du pigeon anversois avec le pigeon liégeois ou verviétois.

C'est donc un type intermédiaire entre le pigeon anversois et le pigeon liégeois ou verviétois, ou le produit de ces races distinctes et caractéristiques, qui se trouvent maintenant dans tous les colombiers des véritables amateurs et qui donne de très bons résultats, dans les plus grands concours.

Il a le bec court, avec mandibules moyennement développées ; il a la tête convexe, les yeux vifs et saillants, l'iris présente une teinte jaune safran légèrement marron, les paupières très peu développées et bien blanches.

Il a le cou court, la poitrine bien large et abondamment garnie de plumes, avec une musculature bien condensée.

La queue est très étroite et resserrée, avec rectrices très étroites.

Concernant les pattes, il est plutôt haut sur pattes que bas.

Quant au plumage, il est des plus variables et il y en a de toutes les nuances, mais ce sont les noirs écaillés, les bleus clairs et les bleus écaillés qui prédominent.

Voici donc la description du pigeon voyageur de race mixte, qui est le mélange du sang de la race anversoise et liégeoise ou verviétoise et qui ont donnés jusqu'ici les meilleurs résultats les plus concluants ; mais dans ces croisements, il se trouve parfois que c'est le sang de la race anversoise qui prédomine, comme dans d'autres cas, c'est le sang de la race liégeoise ou verviétoise qui prédomine.

N° 5 — LE PIGEON VOYAGEUR IRLANDAIS,

Décrit par M. R. DE BOEVE

Le pigeon voyageur irlandais n'existe plus qu'à l'état de pigeons de volière. On en voit encore parfois quelques spécimens exposés par des amateurs anglais, qui désirent en conserver la race, mais qui reconnaissent parfaitement qu'elle est dépassée par les nombreux croisements que nos pigeons voyageurs ont subi depuis quelques années.

En 1890, les sociétés irlandaises faisaient faire des lâchers de leurs pigeons sur les côtes de Cherbourg et il m'a été donné par M. Boutry, de Roubaix, un de ces pigeons irlandais, qui portait les cachets de sa société, et avant de lui rendre sa liberté, j'ai pu constater qu'il était d'une corpulence beaucoup plus volumineuse que tous nos pigeons voyageurs, et les ailes et la queue beaucoup plus longues, que tous les types de pigeons voyageurs que nous voyons d'habitude.

Comme le dit véridiquement le lieutenant F. Gigot dans son livre : *La Science colombophile*, le pigeon irlandais est très fort, trapu et ramassé sur lui-même. Il a été employé à perfectionner les pigeons voyageurs anversois et liégeois, mais aujourd'hui, on ne s'en occupe plus dans nos pays et son emploi est devenu inutile pour l'amélioration des espèces.

On s'attache maintenant à obtenir un pigeon bien constitué, mais relativement léger, ayant le bec fin et dépourvu de morilles, mais je crains que ce système de sélection ne nous donne des sujets qui un jour manqueront de force et de puissance. Alors, nous serons obligés d'avoir recours au croisement irlandais pour renforcer nos races.

Cette variété de pigeons, d'après M. Tegetmeyer, a été formée avec le pigeon dragon anglais et le voyageur belge et a les mêmes dispositions que tous nos pigeons voyageurs, tout en ayant le corps plus grand et plus fort et les ailes et la queue beaucoup plus longues.

————

N° 6 — LE PIGEON VOYAGEUR DE BEYROUTH,

Décrit par M. R. DE BOEVE

Le pigeon voyageur de Beyrouth a été primitivement importé en France en 1881, par feu M. Magnenoz père, de Marseille, qui était un grand connaisseur en pigeons, et qui m'en céda plusieurs paires, parmi lesquels plusieurs avaient même des plaques en cuivre et en ivoire à leurs pattes, que les éleveurs de Beyrouth leur mettaient quand ils étaient au nid. M. Robert Fontaine et plusieurs amateurs ont eu l'occasion de les voir chez moi et cette fantaisie des éleveurs excitait même parfois l'hilarité, par les sons bizarres que les clinquements de ces objets faisaient entendre, quand ces pigeons marchaient. J'ai cédé de ces sujets à M. Vallois, de Neuilly, qui les exposa au Concours Général agricole du palais de l'Industrie, à Paris ; ils y furent primés et attirèrent l'attention de tous les amateurs.

Cette race de pigeons a l'aspect très bizarre par suite de la double gorgerette qu'il porte en dessous du bec et qui ferait croire qu'il a une excroissance difforme.

J'en ai possédé des bleus, des bleus écaillés et des noirs et leur plumage ressemble à celui des pigeons voyageurs ordinaires, avec la particularité qu'ils ont une heurte blanche sur le front et que de chaque côté du cou, au-dessous des oreilles, ils ont une marque blanche qui rappelle le collier du pigeon ramier.

Ils ont le vol blanc et la queue de la même couleur que le fond de leur plumage.

Ils ont le bec blanc, la tête fine, l'œil de vesce, le cou court et très gros, épaissi par une double gorgerette qui se tient en dessous du bec, qui est recouverte de plumes et qui forme une espèce de barbiche, ce qui donne une grande originalité à ce pigeon.

Il a le corps ramassé, la poitrine bien développée, le dos large, les ailes longues et vigoureuses, les tarses non emplumés et la taille générale du pigeon voyageur belge.

En Orient, on se servait de ces pigeons déjà très anciennement, pour le transport des dépêches, dans les endroits où les communications étaient des plus difficiles, ayant un instinct d'orientation très développé.

Ils sont très rustiques, excellents reproducteurs et ne demandent aucun soin particulier, avec les autres variétés de pigeons.

Nᵒ 7 — LE PIGEON VOYAGEUR AFRICAIN

Décrit par M. Théodore Perrollet,
Rédacteur à la « France Aérienne », de Paris.

Cette espèce de pigeons voyageurs se trouve dans les environs d'Alger, en passant par Mustapha inférieure.

Elle y est très répandue et très estimée, parce qu'elle est douée d'une mémoire et d'une orientation particulièrement remarquables.

J'en ai fait plusieurs fois l'expérience, pendant mon séjour en Algérie, et j'ai obtenu les résultats les plus concluants sur leur emploi dans les messages aériens, lâchés en pleine mer ou dans l'intérieur du pays algérien, sous un ciel brûlant, dans une atmosphère où la respiration manque.

Cet oiseau franchit les plus grandes distances en très peu de temps et j'ai conclu que cette espèce pouvait être assimilable à nos meilleurs messagers belges, et pour en obtenir des preuves suffisantes, j'ai rapporté en 1884 plusieurs couples de ces oiseaux qui m'ont donnés les meilleurs résultats, chaque fois que je les ai envoyés dans les concours les plus sérieux.

Depuis, j'en ai offert au colombier militaire du jardin d'acclimatation de Paris, où ils font l'admiration de tous les amateurs qui ont pu les y contempler.

Nᵒ 8 — ÉTUDE SUR LES PIGEONS VOYAGEURS EN GÉNÉRAL

Par M. Emile Weerts
ex-Président de la Fédération Roubaisienne.

LE PIGEON DE SPORT

Parmi le nombre incalculable de pigeons élevés spécialement pour les concours, le pigeon de sport, que les uns appellent, faute de mieux, « fine plume, tête de pigeonnier, pigeon de prix, etc. », est excessivement rare, et forme le *high life* de la race des pigeons voyageurs, et dans les pigeonniers où on les rencontre le nombre en est très limité.

Nous avons connu et connaissons des amateurs colombophiles très renommés par leurs succès, et possédant jusqu'à 150 sujets. de leur propre aveu, n'en avoir que cinq ou six ; et encore étaient-ils bien partagés !

Le sujet de sport ou d'élite, se rencontre dans toutes les races voyageuses, et ne tient d'une race que l'esquisse modifiée et lointaine des formes. Sa supériorité sur ses congénères peut parfois être le fruit d'une sélection bien menée, mais il faut presque toujours en attribuer la plus grande part à un heureux hasard. hasard qui peut même se produire avec des non-valeurs, et qui, chose bizarre, ne se renouvelle parfois pas avec les mêmes reproducteurs.

A l'appui de cette opinion, quantités de cas prouvent, et j'en cite brièvement quelques-uns :

J'avais à l'époque un pigeon noir au plumage bigarré de blanc. du plus bel effet, qui ne m'avait donné aucun rendement sur les voyages, mais que j'avais conservé à cause de sa beauté ; un de mes amis, nouvel amateur, me témoigna le désir de le posséder, et ayant satisfait à sa demande, il l'accoupla avec une femelle, qu'il avait eu d'un excellent amateur de notre ville, mais qui, renseignements pris plus tard, n'avait également, comme le mien, rien fait. De ce croisement où il ne pouvait être question de sélection, puisque l'éleveur était absolument novice, naquit un sujet admirable qui devint et resta fameux par les succès qu'il obtint ; on lui donna même un nom, « la Casquette », de la profession de son propriétaire, et donna lieu dans la suite. à toutes sortes de légendes colombophiles.

Un autre cas : celui d'un pigeonnier classé comme valeur acquise au nombre des meilleurs du Nord et situé à Mouveaux. Pendant plusieurs années. il tint la tête de tous les concours, il n'y avait de prix que pour lui et les palmarès étaient remplis de son nom : il excita même la jalousie au point de faire suspecter sa loyauté de joueur qui « in aparte » on ne put jamais lui contester. Néanmoins, ayant un jour engagé ses pigeons d'élite dans un concours lointain, tard en saison, tous s'égarèrent, le temps ayant été mauvais, et de cet échec désastreux perdit rapidement sa célébrité de colombophile ; puis tomba parmi les pigeonniers les plus ordinaires, malgré son expérience, ses aptitudes, et la sélection bien raisonnée qu'il fit dans la suite ; il ne put jamais se relever à l'ancien niveau.

Un autre encore : j'avais jadis un croisement qui, chose assez rare, me donnait au moins un jeune d'élite sur deux nichées ; ces jeunes m'apportèrent de nombreux succès, et me firent même classer à cette époque parmi les premiers lauréats des concours bi-annuels de la Fédération Roubaisienne, alors composée de 600 membres.

Un accident me fit perdre la femelle; désireux de rentrer dans un croisement semblable, je mis tout en œuvre et donnais au mâle au moins dix femelles en deux ans. Je contrariais les défauts, je m'écartais du type primitif, je m'en rapprochais, vains efforts, les résultats ne répondirent jamais à mon attente : Je n'eus que des bons ordinaires...

Dans le précédent accouplement, le mâle seul avait de la valeur, ce ne pouvait donc pas être de la femelle que devait provenir cet instinct d'orientation et cette perfection.

D'après ces exemples et bien d'autres que je passe, il ne faudrait compter sur la sélection pour former un pigeonnier qu'autant que le hasard se mette de la partie, et escompter cette sélection comme le moyen le plus court pour le provoquer.

Le pigeon d'élite doit donc être considéré comme le fruit d'un accouplement heureux, où les qualités réciproques, la nature même des reproducteurs se mêlant, détruisent par cet effet les défauts de chacun et donnent un produit à la conformation physique et intellectuelle harmonieuse.

Il ne faudrait cependant pas conclure que le rejeton aurait une forme particulière; non, car il conserve toujours une silhouette plus ou moins accentuée des souches d'où il provient, et n'en est que la perfection.

L'on constate parfois, malgré son harmonie, des travers de caractère chez le pigeon d'élite, mais je penche à croire que ces travers viennent plutôt de la négligence ou de l'inexpérience de l'amateur, ou encore d'un état de santé travers, tels que « sauvagerie, pose à la rentrée de voyage, mauvais élevage, etc. ». En tout cas, ces travers forment l'exception et non la règle; car en général, le pigeon d'élite est d'une nature rangée, doux et raisonnable de caractère, bon voisin, bon père, conserve sa galanterie pour sa femelle et se laisse prendre sans effroi par son propriétaire, pour peu que celui-ci en ait l'habitude.

Vers l'âge de vingt à trente jours, l'éleveur peut déjà, par l'intuition que donne la pratique, pronostiquer si ses jeunes lui donnent quelque espérance.

Généralement le pigeonneau harmonieux, bien portant, se tient dans la partie la plus sombre de sa case et n'est pas sauvage; les attaches des membres sont solides, les ailes, tombantes, touchent le fond du nid et le corps entier est plein de rondeurs; ses mouvements sont lourds, comme tout d'une pièce, l'œil déjà plein d'intelligence exprime plus de curiosité que de crainte.

Contrairement au pigeon sans fond, il bouge très peu et il faut souvent, à l'heure des repas, plusieurs appels des nourriciers pour lui faire quitter cette immobilité. Les plumes sont très lentes à pousser et favorisent le développement si complet des muscles et du corps.

A l'état adulte, cette lourdeur du nid se perd, ses formes deviennent plus fines, il maigrit même un peu au passage de la première mue et comme particularité de cet âge, on le remarque plutôt naïf qu'intelligent : la première et la meilleure graine n'est jamais à lui ! les pigeons secondaires qui l'entourent sont bien plus lestes et malicieux pour la prendre ; la bonne place au perchoir n'est pas non plus la sienne; celle qui lui échoit est souvent isolée, gîte qu'à force de voler le hasard lui procure.

Après la mue, le plumage se caractérise, et il entre dans la plénitude de sa beauté.

Tout charme en lui, et le regard se repose avec complaisance, sur ce petit chef-d'œuvre de dame Nature. La morille déjà poudreuse, se détache des plumes et de la mandibule en lignes pures ; la caroncule, tantôt d'un blanc d'albâtre, tantôt ardoisée ou mixte, exempte de toute trace de rouge ou de jaune, entoure un œil chaud dont la pupille dilatée et magnétique est pleine d'expression.

Les plumes abondantes du dos et du camail forment des petits plis frisottés, sur les ailes, et se frangent sur les épaules en enveloppant des formes robustes et gondolantes; les rémiges longues et larges cachent presque le croupion en se rejoignant; les pennes aux côtes luisantes, aux barbes soyeuses, coupées comme à l'emporte-pièce, s'étagent correctement en angle court, sur une queue fine et sans largeur, tout cet ensemble en forme le superbe oiseau que l'on appelle « le pigeon d'élite ».

Les nuances dans lesquelles l'on trouve le plus de pigeons d'élite, sont les roux, les bleus, les écaillés clairs ou foncés ; néanmoins, il s'en trouve également dans les autres variétés comme les noirs, les blancs, les macots, les meuniers, les gris, mais en proportion très faible; cependant les dernières variétés ont la réputation de donner quand elles donnent, des pigeons absolument supérieurs.

Maintenant, comment et quel est le moyen de distinguer si l'on possède des pigeons d'élite ? Outre l'intuition et l'expérience qui font observer l'air tout particulier du sujet qui le met en relief sur les autres, le meilleur moyen est le dressage ; comme dit le proverbe c'est au pied du mur qu'on juge le maçon, c'est en l'entraînant que le pigeon montre véritablement sa valeur.

L'âge adulte selon les uns est le moment favorable, d'autres après l'accouplement ; je préfère de beaucoup cette seconde période, car à l'âge adulte, il y a de nombreux inconvénients pour que le pigeon ne rende pas : une mue difficile, un excès d'ardeur qui l'entraîne au-delà, l'instinct insuffisamment développé, une croissance incomplète, etc., empêchent de distinguer, tandis qu'après l'accouplement il est complet.

Pour obtenir le meilleur rendement d'un pigeonnier et connaître les sujets qui sont aptes à concourir ; voici la manière de s'y prendre : Il faut commencer d'abord par mettre le pigeonnier au point ; c'est-à-dire, après avoir consulté la mue, enlever tous les œufs et les jeunes ; purger un jour, le lendemain donner comme nourriture un peu de riz mêlé d'orge et de vesces ; puis alors les jours suivants du maïs pur, afin de pousser les mâles. Vous aurez bientôt une ponte générale et votre pigeonneau au point.

Le moment aigü, où l'instinct d'orientation et l'amour du nid sont le plus développés chez le pigeon est, pour le mâle, quand les jeunes ont de vingt à vingt-cinq jours, jusqu'à la reponte du premier œuf. Pour la femelle, de la veille de l'éclosion à l'âge de quatre jours des jeunes. Le diagramme de cette espèce de fièvre, car c'est un véritable diagramme qui est à escompter pour l'entraînement et qui commence progressivement, pour le mâle comme pour la femelle, huit jours avant les points aigüs, que nous venons de donner.

Vous commencez à entraîner les femelles après douze jours de couvage, par conséquent toutes à la même position, sur un parcours de 25 kilomètres environ, ayant soin pour la mise au panier de les prendre lorsqu'elles ne sont pas sur leurs œufs afin que le nid ne reste pas à découvert pendant l'absence ; car vous avez besoin des jeunes, pour l'entraînement des mâles.

A la première rentrée, vous notez soigneusement les heures, les minutes, les secondes ; vous notez également la direction du vent et le temps, choses importantes pour les points de comparaison ; une remarque que l'on observe très souvent dans ce premier et petit parcours : ce sont rarement les pigeons d'élite qui arrivent premiers ; parce que les pigeons secondaires sont parfois mieux partagés sous les rapports des ailes et des yeux que le pigeon équilibré et qu'ils n'ont guère besoin de l'instinct pour un aussi court trajet.

À la seconde mise en panier, qui a lieu ordinairement quatre jours après la rentrée, ayez soin de mettre dans vos mangeoires des graines de petite dimension afin de ne pas gêner ce que l'on appelle « la mousse », qui commence à se produire dans le gésier du pigeon ; vous opérez ensuite exactement comme au premier entraînement pour la mise en panier et la rentrée. Pendant ces petits voyages, habituez vos pigeons, à l'arrivée, à un petit régal de millet ou de maïs, vous vous en trouverez bien et éviterez la pose sur le toit.

Le deuxième entraînement est généralement de 50 à 60 kilomètres. Vous constaterez déjà un triage, surtout si vous êtes favorisés du même temps, et si vous voulez un triage sérieux, patientez et notez jusqu'au dernier arrivé.

La troisième épreuve, d'environ 100 kilomètres, se fera dans les mêmes conditions que la seconde, trois ou quatre jours après, et en consultant les notes prises, vous vous rendrez immédiatement compte quelles sont vos meilleures femelles : pour les pigeons d'élite : entraînez à nouveau deux ou trois jours, tout au plus après, la troisième épreuve, plus tôt si c'est possible, afin que les jeunes n'aient pas plus de six jours ; entraînez à nouveau la tête d'arrivée dans un concours et vous constaterez facilement si vous possédez des pigeons d'élite en comparant vos heures d'arrivée avec le palmarès. Ces épreuves sont absolument péremptoires et vous donnent la vérité sur la valeur de votre pigeonnier.

Il peut néanmoins se trouver dans les retardataires quelques fines plumes, qui pour des raisons particulières ne sont pas arrivées, il faut donc les essayer à nouveau par les mêmes principes en variant légèrement l'époque, soit un peu plus tôt, soit un peu plus tard que les points sensibles que nous avons signalé plus haut. Si le rendement est encore négatif, un bon conseil : sacrifiez! car si l'on éliminait plus de pigeons secondaires, les chances d'avoir de la bonne plume seraient certes plus grandes.

Pour les mâles, on opère de la même façon que pour les femelles, du commencement vers le vingtième jour et en nourrissant d'un mélange de féverolles et de maïs ; je ferai la même observation que pour les femelles : n'attendez pas que l'œuf soit pondu, pour tenter la dernière épreuve ; ce serait absolument inutile, car le feu du mâle tombe brusquement sitôt que cet œuf est aperçu par lui ; en thèse générale, plus la mise au concours sera proche des points aigus de la fièvre que nous avons signalé, plus il y aura de chances d'être primé et par conséquent de reconnaître vos pigeons d'élite.

Il y a deux principales raisons au petit nombre existant de pigeons d'élite : d'abord le hasard très rare d'en reproduire, ensuite les concours nombreux dans lesquels une grande proportion s'use et se perd, concours sans arrêt que l'amateur leur impose pour satisfaire une ambition ou un intérêt irrésonnables.

Le pigeon d'élite ne doit pas faire plus de six à huit concours pour le conserver en bon état de santé et empêcher la perte de ses facultés, d'autant plus qu'en jouant trop tôt ou trop tard, il y a grandes chances de le perdre, ou encore une mue retenue pour les jeunes et se faisant brutalement en pleine route.

Un dernier conseil pour terminer cette petite étude : Eliminez sans pitié tout pigeon ayant de grands défauts, c'est-à-dire d'exagération dans une partie quelconque du corps ou du plumage, ne conservez que ceux bien proportionnés et dont la nuance de l'œil est prononcée, ce sont ceux qui donneront le meilleur résultat dans les croisements; ne conservez également que ceux qui ont rendu au dressage, en sacrifiant sans pitié tous les autres.

Agissant ainsi vous aurez fait bonne besogne pour vous d'abord, pour le perfectionnement de la colombophilie ensuite et surtout pour la France en lui donnant des messagers sûrs et fidèles, remplaçant la quantité par la qualité, ce qui vaut infiniment mieux.

N° 9 — ÉTUDE SUR LE PIGEON VOYAGEUR DE GUERRE

Décrite par M. CHARLES SIBILLOT,
Rédacteur en chef de la « France Aérienne », de Paris.

L'importance des derniers travaux écrits sur la science colombophile militaire, n'échappera certainement pas aux amateurs colombophiles désireux de s'en inspirer.

Il existe différentes espèces de pigeons dont on peut faire des messagers ; aucune d'elle n'est voyageuse par nature ; la race ne devient utilisable pour les correspondances qu'à la suite d'un dressage rationnel et minutieux.

Il ne faut donc pas confondre nos pigeons avec les oiseaux migrateurs qui, obéissant à une loi immuable de la nature, entreprennent, à une date fixe, un long voyage, mais ne se prêteraient aucunement aux exercices variés des communications militaires aériennes.

La race qui forme actuellement la masse des effectifs de nos colombiers militaires et de nos colombiers civils mobilisables, a été créée de toutes pièces au moyen de croisements. Les types primitifs appartiennent aux variétés connues sous le nom de pigeons anversois, liégeois, verviétois, Carriers anglais et Messagers orientaux.

Les croisements voulus par l'homme, étudiés et imposés à la gent pigeonnière, ont produit un type spécial provenant de toutes les variétés, et sauf quelques variantes apparentes aux seuls yeux du praticien réunissant en un seul individu les qualités propre à chaque souche, à l'exclusion le plus possible des défauts héréditaires.

Le sternum s'allonge en carène très prononcée sous toute la longueur d'un corps trapu, bien tassé et vêtu d'un plumage serré.

Les épaules en saillie offrent une épaisseur indicatrice du biceps, grâce auquel l'aile déployée par le colombophile se replie vigoureusement en faisant ressort.

Chaque rémige (grande plume) de l'aileron a la forme d'un couteau légèrement effilé dans le bout ; les bribes de ces pennes doivent être rigoureusement adhérentes les unes aux autres ; l'ensemble de la plume doit être large, luisant, lisse, soupoudré de cette fine et grasse poussière naturelle et impalpable qui la rend imperméable.

Les ailes, sans se croiser comme celles de l'hirondelle, se rejoignent tout raide bout à bout au-dessus de la queue, dont les palettes se superposent exactement en un faisceau étroit. C'est à la plus neuve de ces palettes qu'en temps de guerre l'on coudra le tube de plume d'oie renfermant des milliers de dépêches photo-microscopiées sur une pelure que l'on ne pourra révéler qu'à l'arrivée, suivant les procédés photographiques perfectionnés.

Le cou rond, flexible et à base solide, surmonte en courbe régulière un poitrail gracieusement bombé et bien développé, le dos plat se confond sous la plume avec les ailes à leur point d'attache. Les pattes roses ou brunes doivent être courtes et luisantes. Pourtant certains bons pigeons sont « bottés » ou « pantalonnés » ; mais, les plumes aux pattes ramassant l'ordure et l'humidité, sont un inconvénient pour la propreté, surtout lors d'un séjour prolongé dans une voiture-volière, une cage de ballon, une casemate ou autre lieu d'internement.

D'une façon générale, le pigeon de guerre n'a jamais les mandibules du bec grêles comme celles de la tourterelle. Les narines sont

surmontées de caroncules blanches, en forme de cœur, et de proportions telles qu'elles ne laissent aucune cavité entre les fosses
nasales et le dessus du crâne, de sorte que de la nuque jusqu'à la
pointe du bec, la ligne de profil est sans solution de continuité.

Enfin, un filet très mince de peau une autour de l'œil est un excellent indice. Ce filet est ordinairement lisse quand il est d'un blanc
mat ; il est régulièrement granulé quand il tire sur le noir, et produit
« l'œil de rat ». Ces tours d'yeux-là indiquent la pureté de la race
ou la réussite du croisement.

L'entourage rouge et charnu, sans disqualifier tout à fait un pigeon, indique la mollesse naturelle, la tendance à l'engraissement,
la lenteur du vol, la difficulté de s'orienter à grande distance. Il faut
donc éliminer, par une sélection intelligente, les sujets offrant cette
particularité qui, au contraire, dans le pigeon de basse-cour, est
très appréciée. En un mot, l'élevage du pigeon destiné au transport
des dépêches diffère essentiellement de l'élevage du pigeon destiné
à l'alimentation.

La manière de traiter les deux catégories change, pour l'une ou
l'autre, autant que le mode usité pour faire un cheval de courses
varie de l'engraissement d'un porc.

Revenons à l'œil du pigeon de guerre. En ce qui touche la paupière, elle est diaphane et, chez l'oiseau de sang, cligne rapidement,
tandis que la tête tourne à droite et à gauche avec impatience, mais
sans effroi. La paupière transparente est abaissée pendant le vol et
protège l'œil contre le frottement de l'air ; ce frottement, on le sait,
atteint, vu la rapidité de la locomotion, des proportions considérables.

La prunelle est dessinée de cercles teintés ; le coloris est d'une
merveilleuse finesse ; il y aussi des yeux argentés ; parfois, les yeux
blancs sont teintés de points roses ou noirs ; mais l'œil de feu allant
du jaune au rouge, et dit « œil de coq », est le plus apprécié.

Toutefois, la couleur de l'œil, comme celle du plumage, n'entre
pas en ligne de compte définitive pour juger en prévision des résultats à obtenir par le dressage, bien que ces couleurs soient signi-
ficatives pour le spécialiste exercé, surtout s'il connaît la généalogie
du sujet soumis à son examen.

Cependant, malgré les résultats exceptionnels obtenus avec des
pigeons bariolés, je crois devoir rappeler que le blanc est un signe
de dégénérescence.

Les blancs et les gris attirent les regards des oiseaux de proie et
des factionnaires.

Les pigeons tout noirs, sauf rares exceptions, sont lents mais assez tenaces. Les pigeons isabelles ou café-au-lait, les pigeons à bec jaune sont incapables de résister à la fatigue.

L'uniformité dans la couleur est précieuse ; et, règle générale, les pigeons écaillés foncés, les bleus unis et les rouges sont mieux doués pour le service militaire.

En un mot, ce qui distingue le pigeon messager des variétés domestiques ou des pigeons de luxe (pigeons pattus, capucins, boulants, tambours, bouvreuils, paons, etc.) ainsi que des bisets et des ramiers, c'est la grosseur de la tête, l'épaisseur et la solidité du bec en forme de coin, le développement des caroncules, la grandeur et la beauté des yeux, la saillie des prunelles, la fierté des allures, la noblesse des contours et « la mine intelligente ».

Les autres pigeons impropres au service des messages ont, c'est avéré, l'air bête et timide.

Bien plus, les pigeons de guerre français, de même que leurs congénères, les pigeons messagers belges, semblent avoir conscience de leur supériorité ; car ils s'acharnent souvent à rouer de coups de bec tous les individus de race commune qui se fourvoient parmi eux ou qu'on leur donne pour compagnon à titre expérimental. Si le colombophile tarde à intervenir, l'intrus paye de la vue ou de la vie même l'audace d'avoir essayé de fréquenter la haute société ailée qui peuple nos colombiers militaires.

Or, croyez-moi, cette intéressante société ailée est digne de toutes les attentions de la nôtre.

C'est pour cela qu'en France, la colombophilie militaire est une véritable science, qui, tenant compte des règles connues d'élevage et de dressage, se propose de faire une race spéciale utilisable pour un objet donné dans des circonstances déterminées.

Les sphères dirigeantes de la colombophilie militaire doivent donc s'imposer l'étude approfondie non seulement de l'histoire de l'emploi des pigeons à travers les siècles, mais encore de l'histoire naturelle, de l'histoire et de la géographie militaire, de la stratégie, de de la météorologie et de l'art vétérinaire, sans compter l'art d'élever et de dresser.

N° 10 — ÉTUDE SUR LE PIGEON VOYAGEUR DANS LA MARINE

Par M. A. Rousseau, rédacteur du « Moniteur de la Flotte », de Paris.

Pendant les dernières grandes manœuvres navales, un élement nouveau a pris officiellement rang parmi les moyens de la guerre moderne. Un service de pigeons voyageurs a été régulièrement institué, a régulièrement fonctionné et bien des dépêches reçues par les préfets maritimes ont été apportées par ces intelligents volatiles ; on se souvient, en effet, que la nouvelle de l'attaque de l'escadre du Nord, dans la baie de Douarnenez, par les torpilleurs de la défense mobile de Brest, est parvenue par un des pigeons emportés par un torpilleur.

Si l'emploi officiel des pigeons comme porte-dépêches est la consécration d'un fait accompli, il ne faudrait pas en conclure que la constatation des services rendus n'a pas demandé un long entraînement des oiseaux et des études sérieuses préalables, et que la perfection a été atteinte d'un seul coup. Il n'y a que trois ou quatre ans que l'emploi éventuel des pigeons voyageurs a eu lieu dans la marine française, et dans toutes les expériences on a eu de bons effets. Les pigeons ont toujours, même dans les manœuvres et malgré les détonations du canon, regagné leur colombier à terre. D'ailleurs il n'y avait pas de raison pour que le pigeon lâché en mer ne retrouvât pas son chemin aussi bien que sur terre. Les expériences dans ce sens ne devaient donc pas apporter de faits nouveaux.

Un autre point était à envisager ; le pigeon peut-il regagner son colombier, si ce colombier se déplace, c'est-à-dire, l'établissement d'une communication de la terre au navire, est-elle possible par pigeon voyageur.

A ce point de vue de nombreux essais ont été faits avec succès.

Un colombier maritime a été établi sur le *Saint-Louis*, annexe de la *Couronne*, école de canonnage ; l'acclimatement des oiseaux a été très rapide et complet ; les volatiles ne sont nullement déroutés par les déplacements que ce bâtiment est obligé d'exécuter pour son service, ils retrouvent toujours leur habitation flottante. Dire que les pigeons ne sont pas déroutés par les déplacements du bâtiment est exagéré, car ces déplacements doivent non-seulement avoir lieu dans un cercle restreint, mais encore ne pas se produire dans des milieux trop différents.

Ainsi les pigeons du *Saint-Louis* retrouvent infiniment mieux leur colombier lorsque le bâtiment est aux *Salins-d'Hyères* que lorsqu'il est en rade de *Toulon*. Au milieu d'un grand nombre d'autres bâtiments, les pigeons ont des hésitations ; par contre, ils semblent reconnaître très facilement le navire lorsque ce dernier tire ; ces petits volatiles rallient au son du canon.

C'est en France qu'ont été constatés les premiers faits de correspondance de la terre au navire au moyen des pigeons.

Aujourd'hui toutes les marines commencent à s'intéresser aux pigeons, mais la marine des États-Unis qui est restée bien longtemps stationnaire, s'efforce de regagner le temps perdu et étudie avec un soin méthodique et consciencieux tous les progrès réalisés par les autres puissances. Le dernier numéro des procès-verbaux du *Naval Institute* des États-Unis, s'il n'apporte pas de contributions nouvelles à la question, en pose cependant la délimitation absolue à l'heure actuelle.

« Pendant qu'il fait jour, et pour les distances n'excédant pas trois cents milles, dit cet ouvrage, la communication par pigeon entre les bâtiments et la terre est très praticable. Entre bâtiments à la mer, son application est beaucoup plus limitée. Telle communication impossible de nuit ou par grande brume, n'est pas gênée par le froid, la pluie ou la neige, sauf en ce qui concerne la vitesse. »

Une étude très suivie et très méthodique a été faite par le bâtiment à voiles, la *Constellation*, pendant sa croisière d'été en 1892. Au point de vue des résultats obtenus, la conclusion fut, en ce qui concerne les communications du navire à la terre, que le succès le plus complet avait suivi les expériences ; en ce qui concerne les communications de la terre au navire, les rapports sont moins affirmatifs, mais voici ce que le lieutenant Beuson, de la marine américaine, dit à ce sujet :

« Avant de laisser Annapolis, dix pigeons du colombier du *Naval Academy*, furent envoyés à bord de la *Constellation* et placés dans une cage, sur le spardeck. La plupart de ces pigeons étaient jeunes, deux seulement avaient deux mois. La cage fut maintenue fermée pendant une douzaine de jours ; quand elle fut ouverte, tous les pigeons prirent leur essor. Ce navire était alors à New-London. Les pigeons volèrent autour de la *Constellation* et des autres navires dans le port et même gagnèrent la terre. Avant la nuit, tous avaient regagné leur colombier ».

Après cette sortie, la cage fut ouverte chaque jour quand le temps le permettait. La population de pigeons se mit vite au fait des habitudes du bord.

Quatre de ces oiseaux furent souvent emmenés à la côte ou en bateau et revinrent toujours. Ils furent lâchés à plus de trois milles, dans les terres et hors de toute vue, et rallièrent toujours.

Dans bien des occasions, ils furent emmenés à la mer et lâchés seulement lorsque le navire avait levé l'ancre et était éloigné de plusieurs milles du port ; les pigeons revinrent toujours, et en peu de temps.

Dans l'étude faite par la marine américaine, il ne semble pas avoir été tenu beaucoup compte de la distance que peuvent accomplir les pigeons en mer, et c'est un point sur lequel doivent se porter les observations. Les forces de ces volatiles ne sont pas indéfinies et l'on doit arriver à calculer le chemin moyen qu'ils sont en état de parcourir sans repos, sans trêve. Sur terre, en cas de trop mauvais temps, ou lorsque la distance dépasse les forces du volatile, celui-ci peut se mettre à l'abri ou se reposer : il n'en est pas ainsi sur mer : il y a donc lieu de ne lâcher un pigeon, à moins de cas des plus urgents que lorsque toutes les probabilités sont en faveur de la réussite. Les pigeons eux-mêmes semblent quelque peu redouter la traversée au-dessus de la mer, car il a été observé que lorsqu'ils sont lâchés d'un navire, leur instinct les pousse à gagner d'abord la terre, et ce n'est que lorsqu'ils dominent la côte, qu'ils prennent leur direction définitive.

Ces observations montrent que le transport sur mer des dépêches par les pigeons voyageurs n'est pas encore absolu.

Toutefois on se rend compte des services que ces oiseaux peuvent rendre et combien leur éducation et leur entraînement peuvent être perfectionnés. Il y a donc lieu de donner le plus grand développement à l'installation des colombiers maritimes, et nous devons constater qu'à cet égard la France tient le premier rang.

<h1 style="text-align:center">TROISIÈME PARTIE</h1>

<h1 style="text-align:center">PIGEONS DE VOLIÈRE & D'AGRÉMENT</h1>

DÉCRITS PAR

DE NOMBREUX COLOMBOPHILES-AVICULTEURS FRANÇAIS,
BELGES, HOLLANDAIS, ANGLAIS, etc., etc.

N° 1 — LE PIGEON RAMIER

Décrit par M. R. De Boeve

Le pigeon Ramier est répandu dans toute l'Europe ; il préfère les climats chauds et tempérés aux pays septentrionaux.

Cependant on en voit en Suède, en Russie et même en Sibérie et on ne le trouve dans ces pays que pendant l'été. L'on n'en voit point en Norwège, on en voit parfois en France pendant l'hiver, mais en bien plus grand nombre dans la belle saison. Quoique les Ramiers soient très sauvages, ils se sont fixés sur les grands arbres des jardins des Tuileries et du Luxembourg, à Paris. Ils y vivent avec autant de sécurité qu'un pigeon domestique ; se perchent à peu de distance des promeneurs, dont l'affluence ne leur cause aucune inquiétude.

La taille du pigeon Ramier s'approche de celle du pigeon Mondain ; le bec est jaunâtre ; la membrane des narines rouge, couverte d'une poussière farineuse et blanchâtre ; l'iris jaune, la tête cendrée, les côtés et le dessus du cou d'un vert doré, changeant en bleu et en couleur de cuivre rosette, selon les effets de la lumière ; sur chaque côté du cou un croissant blanc, le haut du dos et les couvertures supérieures des ailes d'un cendré brun ; le bord du dos, le croupion et les couvertures du dessus de la queue d'un cendré clair ; le devant du cou d'abord cendré, ensuite de la teinte vineuse qui couvre la poitrine ; le ventre, les flancs, les plumes des jambes et celles qui recouvrent la queue en dessous d'un gris blanc, les pennes primaires des ailes brunes et bordées de blanc en dehors ; les secondaires d'un gris brun ; le bord extérieur de l'aile blanc ; les pennes de la queue d'un cendré foncé en dessus et terminées de noirâtre ; les pattes rouges et garnis de plumes presque jusqu'à l'origine des doigts, les ongles noirs.

On remarque peu de dissemblance entre le mâle et la femelle ; l'on distingue les jeunes à leurs couleurs ternes ; de plus, ils sont privés du demi-collier blanc, que ces pigeons ne prennent qu'à leur première mue.

Il existe une sous-variété du Ramier qui s'appelle « Colombin » et qui est plus petite que celui-ci.

Nᵒ 2 — LE PIGEON BISET

Décrit par M. R. DE BOEVE

Le pigeon Biset a été reconnu par tous les ornithologistes comme la souche primitive de tous les pigeons.

Il a la tête bleu cendré, le bec est noir, droit, grêle, flexible et renflé vers le bout, le cou à reflets vert doré, changeant selon l'incidence de la lumière, l'iris rouge avec membranes autour des yeux d'un rouge pourpre, le haut du dos et les couvertures des ailes d'un bleu clair, le bas du dos d'un bleu cendré, le devant du cou et la poitrine vineux, le ventre, les plumes des jambes et les couvertures inférieures de la queue d'un bleu clair, les grandes pennes des ailes noires, le dessus des ailes barrés de noir, la queue bleue, le croupion blanc, les pattes non emplumées et rouges et les ongles noirs.

A l'état de liberté, ces pigeons nichent non seulement dans les colombiers, clochers et dans les trous d'arbres, mais dans les trous des bâtiments ruinés et les rochers, ce qui les a fait surnommer : pigeons de roche ou rocheraie, mais c'est principalement en Suède, qu'ils nichent de cette façon et il est très difficile de s'emparer des sujets adultes vivants, dans ces conditions.

Ils vont chercher leur nourriture aux champs et l'on a besoin de les nourrir que lorsque la terre est recouverte de neige.

Les jeunes pigeons Bisets sont très recherchés par ceux qui se livrent à l'engraissement de la volaille ; aucun oiseau de basse-cour ne prend plus facilement la graisse ; les jeunes Bisets la prennent si rapidement, qu'après six ou sept jours d'un engraissement bien conduit, ils ont la chair d'une grande finesse et peuvent être livrés avec avantage à la consommation.

N° 3 — LE PIGEON MONDAIN

Décrit par M. H. Crignon, *de Paris.*

Le pigeon gros Mondain est une race des plus recommandables pour sa fécondité et qui se divise en trois variétés, aussi productives l'une que l'autre, savoir :

1° La variété huppée ou capée dont la huppe se termine en pointe derrière la tête :

2° La variété à pattes lisses ;

3° La variété pattue, dont les tarses seules doivent être chaussées et les doigts des pattes dépourvus de plumes, ce que beaucoup d'amateurs appellent simplement *bottés.*

Ces variétés sont donc des plus recommandables aux éleveurs comme étant les plus productifs, faisant de huit à dix couvées par an, produisant l'hiver comme l'été et donnant de gros pigeonneaux.

Le pigeon Mondain est une des plus anciennes races domestiques pures que l'on connaisse. Il prospère en volière et se nourrit de toutes les graines que l'on donne d'habitude aux pigeons.

A cause de son poids et de son volume, il est incapable de voler au loin et de chercher sa nourriture lui-même.

Il est de la grosseur d'une poule naine ; le mâle est très fidèle à sa femelle, se découple très rarement et n'est pas querelleur avec les siens ni même avec ses compagnons de volière ; il est même le plus familier de tous les pigeons.

Il y en a de toutes les nuances, mais les plus recherchés sont les bariolés, c'est-à-dire ceux dont le plumage est formé de plusieurs couleurs.

Le pigeon gros Mondain à la tête grosse et longue, l'œil de coq, citron ou de vesce, suivant sa variété et les nuances de son plumage ; mais l'œil ne doit jamais être perlé ; il est entouré d'une membrane de chair rouge peu développée, le cou gros, très large à sa base, ayant de huit à dix centimètres de longueur, le bec droit, long, de grosseur moyenne, avec les caroncules nasales blanches et lisses peu prononcées, la poitrine très large et bombée, ayant dix centimètres de largeur, le dos large de 12 à 13 centimètres entre les épaules, les ailes mesurant environ 40 centimètres de largeur, l'aile doit être portée au niveau de la queue, sans jamais traîner, mesure 90 à 92 centimètres d'envergure.

Le beau Mondain de grosse race, doit avoir le corps relativement court, la poitrine droite, la queue composée de 12 à 14 plumes de 15 centimètres de longueur qui doivent être larges et ne jamais toucher le sol.

Les pattes d'un rouge vif dans leur partie nue et les doigts de pied longs.

Ce pigeon, dans son ensemble, doit mesurer de 45 à 47 centimètres.

Une longue expérience de vingt-cinq années de sélection raisonnée m'a amené à obtenir des sujets dont les mâles atteignent un poids de 850 grammes et les femelles 830 grammes.

Ils pondent généralement deux œufs de la grosseur de ceux des poules naines.

Après la ponte du deuxième œuf, l'éclosion se fait le dix-septième ou le dix-huitième jour après. On reconnaît qu'ils vont éclore, quand ils sont légèrement bêchés ; vers le dix-septième jour le pigeonneau commence à se frayer un passage à travers la coquille, au moyen de son bec ; si la coquille de l'œuf est trop sèche ou trop dure, on doit favoriser la naissance du pigeonneau, en cassant avec précaution l'œuf à l'endroit où il est bêché. On ne saurait prendre trop de précaution en soulevant légèrement l'écaille avec une plume, car si l'on faisait saigner le pigeonneau renfermé dans l'œuf, il mourrait infailliblement. Dans le cas où l'on ne réussirait pas à le faire sortir en soulevant la coquille, on introduira dans l'œuf, une ou deux gouttes d'huile d'olive entre la coquille et le parchemin, en évitant d'en mettre sur le bec du petit.

On ne devra pas trop hâter cette opération, car il arrive quelquefois que les œufs sont bêchés et n'éclosent que le dix-huitième jour, c'est alors que l'on peut opérer pour favoriser l'éclosion.

Ils donnent ordinairement deux pigeonneaux à chaque couvée, pesant environ 130 grammes à trois jours ; 450 à 500 grammes à trois semaines et atteignent souvent un poids de 800 grammes à six semaines.

Le gros mondain se nourrit de toutes graines, mais il est préférable pour le maintenir dans un état de santé satisfaisante et produire de bons pigeonneaux, de leur donner un mélange de pois jarat, petit maïs et vesce.

N° 4 — LE PIGEON CARNEAU

Décrit par M. Robert Fontaine, de Marcq-en-Barœul.

Ce pigeon n'a jamais été décrit et cependant il mérite qu'on s'occupe de lui, car c'est non seulement un beau pigeon, mais encore un pigeon très productif et reconnu comme excellent pour la table. Il est originaire du nord de la France ; cependant les provinces limitrophes de Belgique en ont aussi toujours possédé. A Lille et aux environs, on l'appelle Carniau, Caniau ou Cainiau.

C'est le pigeon comestible par excellence, les jeunes sont gros et d'une chair très délicate. Ce qui a contribué beaucoup à son abâtardissement, c'est la manie de vouloir produire du géant.

On a croisé le Carneau avec des pigeons Romains rouges ou jaunes. On a obtenu, il est vrai, un pigeon plus gros, mais au détriment de sa fécondité. La tête est devenue plus massive, la membrane autour des yeux plus charnue, et de couleur rouge carmin, l'œil est devenu perlé.

Le Carneau a à peu près la forme du Romain, il est un tiers plus gros que le pigeon voyageur, c'est-à-dire de la taille du pigeon poule maltais.

Le bec est assez fort, de moyenne longueur, de couleur blanc rosé, plus foncé à la base.

La tête est grosse, assez longue et convexe.

L'œil est jaune orangé. La membrane autour des yeux de couleur jaunâtre, forme un cercle bien régulier, d'une largeur de deux millimètres, d'un grain fin et uniforme.

Le cou est gros et court.

La poitrine est large et bien fournie en viande.

Le dos large et plat. Les ailes assez longues, bien serrées au corps, se fermant bien et se posant sur la queue sans se croiser. La queue de moyenne longueur, doit se trouver dans le prolongement du dos sans être relevée, ni toucher à terre. Les jambes courtes et assez fortes.

La couleur la plus belle et la plus anciennement connue est la couleur rouge sang avec une vingtaine de plumes blanches aux épaules, formant une rosace, et le croupion blanc.

On admet également la rouge à croupion blanc et la rouge zain.

Il existe une variété jaune qui a les mêmes caractères que la rouge : on l'estime moins, je me demande pourquoi, car elle est aussi jolie et aussi féconde.

Le pigeon Carneau a le vol assez léger, mais ne va pas aux champs. Sa production dure toute l'année, c'est surtout de février à septembre qu'il donne les meilleures jeunes. Ceux-ci poussent très vite et ne prennent les marques blanches qu'à la première mue.

Principales qualités à rechercher. — Couleur bien rouge d'un bout à l'autre, ne tirant ni sur le jaune ni sur le plombé ; rosace la plus régulière possible ; formes du pigeon courtes et rablées.

Défauts à éviter. — Plumes blanches dans le vol, à la queue et aux cuisses ; croupion bleuté ; tour de l'œil rouge, bec noir ; la huppe n'entraîne pas la disqualification du moment où elle est haut placée ou bien en pointe.

N° 5 — LE PIGEON MIROITÉ

Décrit par M. R. DE BOEVE

Le pigeon Miroité est une variété française, qui a a été décrite par MM. Boitard et Corbié, mais dont peu d'autres auteurs n'ont encore parlés.

Cependant beaucoup d'amateurs la connaissent et la trouve très remarquable à cause des couleurs brillantes de son plumage.

Néanmoins on peut la considérer comme étant de race pure, puisqu'elle ne peut se croiser avec aucune autre variété, quelque proche qu'elle paraisse, sans en perdre pour toujours le marquage particulier des pennes, des ailes et de la queue.

Le pigeon Miroité a les formes générales du pigeon Mondain — Carneau du Nord. Il est d'un rouge sang de bœuf, très brillant, interrompu dans les grandes pennes des ailes et de la queue, par une barre gris-blanc, d'une bonne largeur, qui forme un magnifique rayon, quand cette variété prend son vol.

Il a l'œil de coq, c'est-à-dire l'iris jaune, sans filet autour des yeux.

Cette charmante variété produit beaucoup, mais le marquage des ailes et de la queue, ne se fixe qu'à la première mue. J'en ai possédé une paire de cette variété, qui m'ont donné les meilleurs résultats de reproduction.

Il en existe également en jaune foncé, qui représentent les mêmes particularités que les rouges.

MM. Boitard et Corbié affirment qu'il existe aussi le pigeon petit Miroité, à peu près de la taille du pigeon Bizet, dans les mêmes nuances indiquées ci-dessus et qui représente les mêmes particularités, produisant beaucoup, mais il ne m'a jamais été donné de pouvoir l'observer.

N° 6 — LE PIGEON ROMAIN

Décrit par M. R. De Boeve

D'après M. V. La Perre de Roo, les pigeons Romains se distinguent par leur taille qui surpasse celle de tous les autres pigeons domestiques connus. Les anglais les appellent « The runt or spanish pigeons » ; tandis qu'en France, il sont mieux connus sous la dénomination de pigeons « Romains ».

Très anciennement connue, il est probable que c'est à cette race que Pline fait allusion, quand il dit que la « Campanie s'honorait même du renom qu'elle avait de produire des pigeons de la plus grande espèce ».

Le caractère le plus saillant de la race est la taille, et plus elle est forte, plus l'oiseau est estimé.

Le pigeon Romain a le bec fort à sa base et de longueur moyenne : la couleur du bec est blanc-rosé chez les variétés fauve, rouge et jaune ; noire chez les variétés noire et bleue ; les morilles sont blanches, unies, disposées longitudinalement. Il a la tête forte et vue de côté, elle est assez régulièrement convexe ; l'iris perlé ; un filet rouge autour des yeux ; le cou court et gros ; le corps volumineux, le dos large, la poitrine très ouverte et très large ; les ailes très longues et portées assez bas ; la queue large ; les jambes courtes ainsi que les tarses qui sont également courts et nus.

Il y en a de toutes les nuances ; mais c'est parmi les fauves ou gris-meuniers et les bleus aux ailes barrées de noir, qu'on trouve le plus de sujets de forte taille et de premier choix.

Ceux qui sont de couleur uniformément rouge, ou jaune ou minime, sont ordinairement de taille moindre ; mais ils rachètent cette infériorité par la beauté de leur plumage qui est bien lustré, avec des reflets métalliques sur le cou.

Quoique beaucoup de ces pigeons mesurent un mètre d'envergure, ils ont le vol extrêmement laborieux, et jamais ils ne prennent leurs ébats dans les airs ; il arrive même assez fréquemment que les pigeons de très forte taille ne sachent pas s'élever du sol à une hauteur de plus de un à deux mètres.

Lourd et gauche, le pigeon Romain, aux défauts qu'il a de casser fort souvent ses œufs et d'élever mal sa progéniture, ajoute encore celui d'un caractère extrêmement belliqueux ; les mâles de cette race ne supportent en leur présence aucun autre pigeon de leur sexe et vivent entre eux comme chiens et chats.

Ces pigeons ne sont donc remarquables que par leur forte taille et je ne leur connais absolument aucune qualité qui puisse les faire rechercher par les amateurs.

Ils produisent très peu ; exigent deux fois autant de nourriture que le pigeon Mondain ; et dans une volière où il y a d'autres pigeons, ils sont d'une insupportable insociabilité.

N° 7 — LE PIGEON MONTAUBAN

Décrit par M. Pol Dagrand, *de Montauban (Tarn-et-Garonne).*

Le pigeon Montauban est un des plus grands pigeons de volière, mais la grande difficulté est de trouver de beaux reproducteurs de pure race.

Il y a une trentaine d'années, on voyait souvent des Montaubans atteindre 1^m06 d'envergure et 0^m56 de longueur, avec la queue ornée de dix-sept grandes plumes dont une double.

La grosseur de la tête du corps et la largeur de la coquille ou couronne étaient dans les mêmes proportions.

La forme du pigeon Montauban est un peu celle du Mondain.

Il est d'une grande fécondité et élève assez bien sa progéniture ; mais il arrive très souvent que les petits meurent au moment de la sortie du nid ou au commencement de la première mue.

En somme, pour la grosse race pure, les résultats annuels sont médiocres, sauf que de temps à autre, on ne fasse élever un des deux petits par des Voyageurs ou des Mondains.

Certains amateurs procèdent toujours ainsi — les petits, mieux alimentés, deviennent plus gros et plus vigoureux.

Le vol est lourd et l'humeur de ce pigeon n'est point vagabonde.

Le plumage est blanc, noir, rouge, fumé, panaché ou faïencé.

Il y a aussi le Montauban jacobin, qui a la tête, la queue et les vols blancs et le reste du corps noir avec quelques plumes blanches.

Le bec est de longueur et force moyenne, blanc rosé dans les variétés blanches, rouges et fumées. — Dans la variété noire, le bec est clavelé, c'est-à-dire le bout à raie noire et le reste rosé le plus possible.

Les morilles blanches et unies, la tête très grosse et légèrement déprimée, ornée d'une huppe très large se continuant d'un œil à l'autre.

L'iris doit être noir dans les variétés blanches ou panachées et rouge orangé avec cercle blanc, vulgairement œil perlé dans les autres variétés.

Le cou gros et assez court ; très garni de longues plumes soyeuses, le corps très gros, la poitrine très ouverte, le dos large et les ailes très longues se reposant sur l'extrémité de la queue sans se croiser ; cette dernière large et assez longue, les pattes courtes, nues et d'un rouge vif.

La variété la plus estimée est le Montauban blanc couronné, qui a le bec blanc rosé, l'œil noir, grand et entouré d'un filet assez large couleur de chair, une grande coquille ou couronne bien fournie de longues plumes bien souples et frisées, s'étendant d'un œil à l'autre et les ombrageant même par quelques plumes. Cette dernière condition est très caractéristique, les amateurs font remarquer que le sujet a la plume sur l'œil.

Le plumage de la coquille qui est court et serré autour de la tête, et peu abondant indique un défaut de race.

Le Montauban noir est aussi très estimé et rare, il a la même forme que le blanc, même genre de plumage, etc. ; sauf le bec qui est noirâtre au bout avec une raie plus accentuée au milieu, l'œil qui doit être perlé et le filet autour de l'œil rouge vif.

Les plus recherchés par les amateurs sont ceux qui ont le bec le moins noir ; dans ce cas on dit bec de merle.

Dans le commerce, on a essayé d'introduire dans cette variété en tête coquillée, le Montauban race pure qu'on a qualifié de corbeau Montauban. C'est simplement pour faire accepter les oiseaux qui ont le bec entièrement noir et qui ne sont que les produits de divers croisements.

On doit éviter cette variété dans l'élevage du pigeon de pure race.

La variété rouge a la couleur vive et régulière, le bec rosé.

Le fumé est également unicolore, bec rosé sans noir.

Le panaché ou faïencé a aussi ses partisans ; sa forme, coquille, etc., ne diffère en rien de la variété blanche, la tête et la poitrine doivent être blanches et le reste du corps un mélange de plumes noires et blanches bien détachées.

Le bec a quelquefois une raie noire au bout, c'est un petit défaut qui est généralement accepté. Quoique quelque peu irrégulière par l'abondance plus ou moins grande de plumes noires, cette variété est bien fixée. On doit rechercher ceux de ces oiseaux qui n'ont du noir que sur le dos, derrière la coquille, et peu chargés de plumes noires.

Si l'on veut obtenir de beaux sujets, il est préférable de leur imposer le repos par la séparation des mâles avec les femelles de novembre à février. Malgré sa lourdeur, le Montauban aime à jouir de sa liberté, à prendre le grand air et à faire de fréquentes promenades sur les toits des maisons.

Pour l'élevage, pas de captivité ou le moins possible, mais dans tous les cas, un vaste local bien aéré et bien sec. Une très grande propreté est indispensable, afin d'éviter toutes les maladies qui déciment les petits. Et tous les huit jours au moins, le nettoyage de de leurs cases et nids, afin d'éviter l'humidité que produirait la colombine.

Une nourriture abondante et saine est indispensable, se composant de blé et maïs en petite quantité, avec quelques grains de chènevis ; mais la base doit être la vesce et le pois jarat.

Dans le colombier, mettre du sable demi-gros et bien sec, du sel fin et des coques d'œufs brisées et, de temps à autre, des feuilles de laitue et d'oseille.

Pour les reproducteurs, il faut choisir les plus gros sujets, poitrine très forte et large, plumage très abondant et long, les ailes longues s'étendant jusqu'à l'extrémité de la queue qui doit être très développée et avoir le plus grand nombre de grandes plumes possible, de quatorze à dix-sept. Il y en a bien qui n'en portent que douze et qui sont très beaux, mais il est préférable de rechercher ceux qui en ont de quatorze à dix-sept.

Veillez à ce que la couleur soit vive et franche, les ailes bien tenues et l'ensemble de l'aspect leste et vigoureux.

Et dans l'élevage, ne laisser dénicher que les produits bien développés et parfaits.

N° 8 — LE PIGEON CARRIER

Décrit par M. G. W. Richardson, de Roubaix.

Ce noble pigeon a toujours été considéré comme une des plus belles variétés et nommé avec raison « Le Roi des pigeons. »

Le Carrier est un pigeon de bonne taille et d'une belle prestance, se tenant droit et ferme sur ses pattes qui doivent être longues et bien formées, avec de fortes cuisses bien arrondies, d'une longueur normale jusqu'au jarret, car sans cela l'oiseau ne saurait pas se tenir bien droit. Les plumes des ailes et de la queue doivent être aussi longues que possible, sans que le bout de la queue fasse basculer l'oiseau en avant ; la longueur de la plume augmente beaucoup l'élégante tenue du Carrier et peut être obtenue facilement en accouplant de jeunes oiseaux de l'année ; les produits tardifs étant presque toujours courts de plumes, transmettent ce défaut à leur progéniture.

La poitrine doit être large ; les ailes bien détachées du corps et avancées sur la même ligne que la poitrine, doivent être retroussées de façon à montrer les cuisses.

Le cou doit être aussi mince que possible, et cela à partir des épaules, ne montrant pas de *fanon* ou grosseur sous la mandibule ; c'est là un des beaux points qui ne se montre avantageusement qu'à l'âge d'un an, car les meilleurs oiseaux, en vieillissant, grossissent à la jonction du cou au corps, et le cou devient alors gros et commun.

Le bec est un point très important, fort difficile à obtenir en perfection ; il faut qu'il soit long, épais et obtus au bout ; la couleur de chair pâle, avec une ligne foncée sur la mandibule supérieure, est préférable pour les noirs, quoique, aujourd'hui, beaucoup des meilleurs Carriers noirs d'Angleterre ont le bec tout noir. En tous cas, il doit être absolument droit et non courbé vers le bas, ce qui lui ôte beaucoup de sa bonne apparence.

La mandibule inférieure doit autant que possible ressembler à la supérieure comme épaisseur, et *dans les jeunes oiseaux*, s'ajuster exactement l'une à l'autre. Je dis *dans les jeunes*, car je n'ai encore jamais vu un vieux Carrier réellement bon et à grande morille, dont le bec soit bien ajusté, car, lorsque la morille se développe avec l'âge, le bec est sujet à se rétrécir. Pourtant on peut conserver le bec pendant trois ou quatre années, si on coupe et rogne soigneusement la portion de la mandibule supérieure qui surplombe l'inférieure, de façon à ce que les deux puissent se joindre.

D'ailleurs cela ajoute beaucoup au bien-être de l'oiseau, puisque cela empêche sa bouche de sécher, la poussière d'entrer, et d'amener ainsi des maladies.

Pourtant si l'amateur tient à exposer l'oiseau, il doit laisser le bec pousser naturellement, car il n'est pas admis de tailler le bec pour les expositions.

Un bec droit et massif est bien attrayant, il offre aussi une bonne garantie que l'oiseau provient d'une bonne souche et produit presque constamment une bonne morille.

Lorsque l'oiseau se tient en bonne position, le cou doit être absolument tendu, la tête bien posée et le bec former un angle droit avec le cou. Cela est tellement important que beaucoup d'amateurs dressent le bec, lorsque les jeunes oiseaux sont encore au nid. Cela se fait en prenant le bec entre les doigts et en le redressant doucement le huitième, dixième, douzième et quinzième jour. On peut de cette façon obtenir un bec parfaitement droit; seulement le milieu de la morille est plié et ne se développe plus jamais plein et rond comme il devrait l'être, car le bout de la mandibule étant relevé vers le haut, nuit à la portion médiane de la morille qui est justement la plus difficile à obtenir bien ronde. Les amateurs feraient donc bien de laisser de côté cette méthode de faire artificiellement des becs droits, d'autant plus qu'il est toujours aisé de découvrir si un oiseau a été ainsi tripoté.

Je considère que c'est la morille qui est la qualité la plus difficile à obtenir. Pour qu'elle soit à peu près parfaite, il faut qu'elle soit large d'un bord à l'autre, ni plate ni creuse au sommet, s'élevant en trois portions distinctes, et les deux côtés aussi semblables que possible. Quant aux creux correspondants, le dos de la partie supérieure la plus proche de la tête doit partir un peu plus loin que le cercle extérieur des yeux, et s'élever ainsi graduellement en avant, en s'éloignant de la tête, ce qu'on appelle bien penché, « well tilted ». Une bonne morille doit s'élever d'un centimètre et demi au-dessus de la tête et si elle s'en éloigne avec une bonne courbe, elle paraît même plus haute.

Elle doit être ronde au sommet et former une courbe s'éloignant des yeux, les deux parties partant en courbes opposées, presque pareilles, s'ajustant proprement et présentant une apparence uniforme. Les points essentiels sont : une grande symétrie avec absence de fortes inégalités, une forme convexe en toute direction, sans endroits plats ou creux ; elle doit être assez courte de manière à faire encore valoir un bon bec dépassant la morille, car cela le fait paraître bien plus long. Une courte morille est aussi moins sujette à encombrer la peau des yeux qui se trouve derrière. La morille de la mandibule inférieure doit répondre à la supérieure en tout, mais à un moindre degré.

Il faut généralement trois à quatre années pour obtenir la morille dans son plein développement, si elle est d'une forme correcte, elle devra mesurer environ 10 centimètres 1/2 en circonférence.

Mais j'attache bien moins d'importance à sa grandeur qu'à sa forme ; j'en ai vu qui avaient 12 centimètres de circonférence, mais creuse au milieu, là où la rondeur est le plus difficile à obtenir. Quelques amateurs cherchent d'abord à obtenir une morille aussi grande que possible, et après, par la taille, ils lui donnent la forme convenable ; mais c'est là une opération bien cruelle, sans compter la fraude qui peut facilement être découverte par un juge expert, qui devrait alors refuser l'oiseau.

La morille autour des yeux doit être parfaitement ronde, et aussi large qu'une rondeur égale le permet, d'un diamètre de 3 centimètres ou un peu moins, si elle est d'une forme bien circulaire. Elle doit être douce et pourtant ferme en chair, d'une largeur égale tout autour de l'œil et couverte de petites rides arrangées par cercles concentriques, quelque chose comme les pétales d'une fleur. Il faut qu'elle soit mince, de façon à ne pas élargir la tête et lui ôter son aspect effilé.

Elle est ordinairement d'une légère teinte rosée ou couleur chair.

J'ai entendu des juges faire des objections à ce sujet, mais seulement lorsqu'ils n'ont pas eux-mêmes élevés des Carriers pendant quelque temps ; car dans ce cas, ils savent bien que l'œil mince et dur est extrêmement difficile à obtenir bien rond, et comme ces yeux ne sont pas sujets à devenir malades, ce sont les plus estimés par les vieux éleveurs.

Il existe une morille des yeux absolument différente de celle décrite ci-dessus ; elle est plus tendre, douce et spongieuse, a moins de « tracés » ou fines rides, et plus pâle de couleur. Cette sorte de morille est moins difficile à obtenir bien ronde que l'autre, et, étant plus tendre, elle se développe aussi plus rapidement. Comme elle est plus blanche, elle est extrêment attrayante dans les jeunes oiseaux ; mais en vieillissant, ils perdent généralement leur attrait ; d'abord leurs yeux se développent tellement vite que, souvent, ils ont quatre centimètres de diamètre avant que la morille du bec soit à moitié développée, et finalement la morille du bec et celle des yeux deviennent tellement fortes qu'elles se joignent et se pressent au point de faire paraître la tête toute élargie, ce qui est opposé au vrai type des Carriers.

D'ailleurs la principale beauté du Carrier ne se trouve pas dans le développement anormal d'aucun de ces points, mais dans une symétrie harmonieuse de toutes les qualités de l'oiseau entier. Les morilles trop grandes ne deviennent le plus souvent qu'une cause de souffrance pour le pauvre oiseau, puisque à cause de leur épaisseur, elles forment une sorte de gouttière sous les yeux, avec de petits boutons sur la surface-interne des paupières qui laissent constamment échapper de l'humidité. Ces boutons doivent être coupés par l'amateur, en ayant bien soin de les extirper avec leurs racines, s'il ne veut pas les voir repousser constamment.

Ce sont là d'excellentes raisons pour préférer les yeux à morille mince.

Néanmoins, les oiseaux à morille tendre sont fort précieux pour l'élevage, car celle-ci étant bien ronde et blanche, permet de corriger les défauts des oiseaux à morille mince qui sont sujet à avoir l'œil pincé et un peu rouge.

On veut la tête aussi étroite que possible, d'un œil à l'autre, plat sur le sommet et très longue, de façon à offrir de l'espace pour le libre développement des yeux, et la dimension doit être la même en mesurant l'avant ou l'arrière de la tête.

Les meilleures couleurs sont le noir, fauve ou dun, bleu et blanc, mais les noirs et les fauves ou dun, sont bien supérieurs aux autres en qualité. On maintient la couleur bien franche en mettant un mâle noir avec une femelle fauve ou dun, et un mâle fauve ou dun avec une femelle noire, car en accouplant toujours des noirs ensemble, le lustre métallique du plumage si recherché, se perd ; ils finissent aussi par produire des becs noirs et même souvent des yeux rouges. Pourtant aussi longtemps que les noirs conservent un beau plumage bien lustré, on peut, s'ils ont le bec blanc, les accoupler ensemble, mais sitôt que le plumage dépérit, il faut corriger cela, par un croisement avec un Carrier fauve ou dun.

Pour élever des Carriers beaux et forts, l'éleveur doit surtout maintenir la santé et la vigueur des producteurs femelles. Comme généralement les femelles éclosent dernier, puisqu'elles proviennent du second œuf, on ferait bien d'ôter le premier jusqu'à ce que le second soit pondu, ou encore mieux de passer le premier jeune à une autre paire d'éleveurs. On doit tenir le Carrier dans un vaste colombier, bien aéré, avec abondance d'eau claire et pure.

Je conseille fortement aux amateurs d'avoir toujours dans le colombier un mélange de gravier et de vieux mortier, ainsi qu'un peu de sel, on doit le conserver de façon à ce que les oiseaux ne puissent pas le salir ; avec cette précaution, on prévient bien des maladies et les pigeons restent bien en plumes. Un tel mélange est surtout nécessaire pendant la saison d'élevage, si on veut produire des jeunes sains et bien développés.

Les Carriers destinés à l'exposition doivent avant tout être vigoureux et en bonne condition. Dans ce but, l'éleveur prendra un morceau de racine de gentiane, d'environ 10 grammes qu'il écrasera, puis versera dessus un litre d'eau bouillante. Après avoir laissé reposer une heure, il décantera le liquide dans une bouteille, et donnera deux fois par semaine comme boisson, une cuillerée à soupe de ce liquide dans un litre d'eau.

Si un oiseau était vieux et faible, il faudrait ajouter, gros comme une fève, de sulfate de fer à la boisson, nourrir avec de bonnes fèves, qui donnent beaucoup de brillant à la couleur, surtout si les pigeons ne sont pas d'avance habitués à cette nourriture. La mandibule supérieure doit être un peu rognée pour qu'elle ne dépasse pas trop l'inférieure, on fait cette opération une dizaine de jours avant l'exposition.

Les morilles des yeux et du bec des oiseaux qui volent en liberté, ou qui sont tenus dans une volière ouverte, seront toujours un peu rougis par le contact de l'air. Dans ce cas, si les oiseaux doivent être examinés par un juge qui attache beaucoup d'importance à la blancheur des morilles, il faudra, pour lui plaire, les soumettre à un petit traitement préalable. Il faut d'abord laver les morilles avec grand soin et enfermer les oiseaux dans une place étroite pendant une quinzaine de jours, en ayant grand soin de les tenir très propres. Pour beaucoup d'amateurs, cela est bien trop compliqué, et ils se bornent. après avoir lavé les morilles et avant qu'elles ne soient tout à fait sèches, de les soupoudrer avec un peu de poudre de riz et de les frotter légèrement. juste avant de les expédier. Si la poudre a été appliquée quatre à cinq jours avant, il est fort difficile de découvrir ce petit maquillage.

Lorsqu'on se décide à élever des Carriers, c'est une mauvaise économie de ne pas se procurer avant tout des oiseaux provenant d'une bonne race bien établie. Pour ma part, quelque belle que soit l'apparence d'un oiseau, je ne croiserai jamais avec, si je ne connais bien son origine et des Carriers ayant un bon pédigrée sont toujours d'une grande valeur.

Le plus souvent, l'amateur débutant tâche de se procurer des oiseaux à grosse morille. En somme, ce n'est pas mauvais, mais une belle forme générale est d'une bien autre valeur !

Aussi, en faisant son choix, il doit avant tout donner la préférence à des oiseaux sains et robustes, ayant le bec fort et droit, la morille bombée sans creux au milieu, ni plate au sommet, car ce sont là les points les plus difficiles à obtenir.

Tous les autres peuvent être acquis plus aisément ; naturellement en y mettant beaucoup de soins et de persévérance.

Sans doute la patience de l'amateur sera souvent mise à l'épreuve. mais s'il ne possède pas cette suprême vertu de l'éleveur, il fera beaucoup mieux de renoncer d'avance à l'élevage du pigeon Carrier.

N° 9 — LE PIGEON DRAGON

Décrit par M. R. De Boeve

Si depuis les dernières années, les Dragons ont été exposés en si grand nombre, c'est que leur élevage a été fort encouragé par une foule de prix d'une importance hors de toute proportion avec le mérite de l'oiseau.

Ainsi à une exposition d'Oxford, les Dragons seuls occupaient *huit classes,* tandis que les Carriers, Boulants, Tumblers et Polonais n'en avaient que seize, tous ensemble !

D'interminables et fatigantes discussions sur les « points » du véritable Dragon type, n'ont guère fait avancer cette question, sur laquelle ses éleveurs et partisans les plus zélés sont encore loin d'être d'accord.

En comparant les points du Carrier et du Dragon, on est frappé du fait singulier, que presque tous les défauts du premier, deviennent les plus grandes qualités du second.

C'est comme si on voulait établir une nouvelle race de pigeons d'exposition avec des Polonais défectueux, en fixant comme type de sa perfection : une tête retrécie, un tour des yeux étroit et pincé et un bec allongé ! Et c'est justement ce qu'on a fait avec le Dragon depuis que les expositions l'ont si hautement patronné.

Voici l'énumération des propriétés qui sont le plus généralement approuvées par les sociétés :

La tête large et conique, mais proportionnée à la grosseur du bec. Vue de face ou de profil, elle doit être légèrement bombée, et n'offrir aucune surface plate.

Le bec doit être gros depuis sa base jusqu'à moitié de sa longueur, devient plus mince vers le bout. Il mesure de la pointe du bec au coin antérieur de l'œil, quatre centimètres.

La mandibule inférieure doit être forte et droite, la supérieure légèrement courbée vers le bout.

La morille arrondie en forme de bouton est striée en longueur ; la peau autour des yeux doit être étroite, non charnue, un peu pincée en arrière.

L'œil proéminent est bien éveillé. Dans les bleus, argentés et écaillés, l'iris est d'un beau rouge ; les blancs ont toujours l'œil foncé.

Le cou, d'une longueur moyenne ne doit pas être trop mince ni renflé vers la tête, mais s'élargir beaucoup vers les épaules.

La poitrine sera large et les ailes bien détachées, doivent être fortes, les bouts un peu élevés au-dessus de la queue.

La queue est portée bien droite en ligne avec le dos et dépasse les ailes, d'un centimètre et demi.

Le dos doit être tout droit et ni creux ni bombé.

Les cuisses fortes et charnues. La longueur totale de l'oiseau de la pointe du bec à l'extrémité de la queue est de 37 à 38 centimètres.

Couleur des bleus : le cou foncé et à reflets métalliques ; le corps, croupion et cuisses d'un bleu plombé uniforme.

Marques : la queue barrée d'une large bande noire, deux autres barres traversent les ailes en forme d'un V renversé.

Couleur des argentés : nuance uniforme d'un blanc crémeux ; cou plus sombre, barres très noires, bec plombé.

Couleur des écaillés : chaque plume nettement marquée, le reste comme les bleus.

Les jaunes et les rouges doivent être d'une couleur brillante et uniforme ; le bec couleur chair.

N° 10 — LE PIGEON POLONAIS

Décrit par M. W.-H. Edwards, de Torquay (Angleterre).

Sans doute un grand encouragement a été donné à l'élevage du pigeon Polonais par l'adoption presqu'universelle des anneaux à marquer les jeunes sujets, auxquels on passe ces anneaux aux pattes quand ils sont âgés de quatre à cinq jours, permettant ainsi à l'éleveur de présenter à toutes les expositions des oiseaux âgés d'un, deux ou trois ans ; ce qui permet, après avoir élevé un bon sujet, primé comme jeune, de ne pas devoir attendre pendant trois ans, la maturité de l'oiseau, pour le rendre capable de lutter contre des vieux sujets, avec quelques chances de succès.

Pour l'éleveur, ces classes marquées par des anneaux sont à beaucoup près les plus intéressantes, l'identité d'un oiseau étant toujours assurée.

Il peut ainsi surveiller leur développement, d'année en année, et les comparer à leurs rivaux.

Pourtant il est fort regrettable, qu'un type uniforme ne soit pas adopté par nos juges dans les expositions ; surtout pour ce qui concerne les jeunes oiseaux, les uns croyant qu'un Polonais ne peut jamais être trop court de tête, tandis que d'autres, vont à l'extrême opposé.

Personnellement je la préfère longue et massive, pourvu naturellement que les autres points essentiels ne soient pas sacrifiés : c'est-à-dire le bec courbé vers le bas, et d'une courbe correcte, quand il est vu de profil.

On trouvera cependant qu'une tête longue va presque toujours avec un long cou et de longues pattes, ce qui ôte beaucoup de l'apparence massive, qui caractérise cette variété.

D'un autre côté, une tête très courte ne laisse pas assez d'espace entre le centre de l'œil et la commissure du bec pour permettre à la peau de l'œil de se développer librement, et celle-ci et la morille se gênent en se touchant de trop près.

En choisissant des oiseaux pour l'élevage, il faut avant tout tenir à un bec fort et une large ouverture du bec, car ces deux points vitaux excluent le défaut le plus grand qu'un Polonais puisse avoir, c'est-à-dire une tête conique.

Puis il faut faire attention à la morille du bec, qu'on n'obtient que difficilement parfaite.

Elle doit passer au-dessus du bec sans montrer une fente en forme de V au centre, la ligne de division doit être à peine marquée, s'élever bien du fond et être placée aussi près du bout du bec que possible, car la morille ne s'avance jamais vers le bout en croissant, mais toujours vers le front, sa surface doit être unie, sans rides ni stries.

Mais quelque parfait que puisse être un oiseau jeune, s'il ne possède pas autour de l'œil une peau bien tendre et charnue, il ne se fera pas assez rapidement pour pouvoir concourir dans la classe de ceux de deux ou trois ans. Par contre ceux qui ont la peau des yeux un peu dure deviennent presque toujours les meilleurs oiseaux en prenant l'âge, et résistent certainement beaucoup mieux aux fatigues des expositions que les sujets plus précoces.

Le cercle des yeux doit être bien circulaire, non rétréci derrière, mais parfaitement parallèle partout, relevé vers le bord extérieur.

La pupille de l'œil noire, l'iris blanche ce qu'on appelle œil perlé, le bec court et gros, la mandibule inférieure aussi grosse que la supérieure, blanc ou couleur corne.

Sa taille ne doit pas être trop petite, car il n'est pas possible d'obtenir une tête grosse et massive sur un corps réduit, ni trop grande non plus, mais environ celle des capucins. Les jambes courtes, de sorte qu'on ne puisse voir les cuisses lorsque l'oiseau se tient debout ; le cou court et gros à sa base, mais diminuant fort vers la tête.

Les couleurs du Polonais sont variées. Il y en a des noirs, des rouges, des jaunes, des blancs, des minimes ou duns. En élevant on peut mêler les trois premiers, réservant les « minimes ou duns » pour les accoupler avec les noirs. Les rouges et jaunes pour obtenir des jeunes d'une couleur franche, ne doivent jamais être croisés avec les « minimes ou duns » parce qu'ils donnent la couleur « minime ou dun » aux ailes et à la queue.

N'accouplez jamais deux noirs, ayant des taches sur le bec, mais combattez ce défaut par les rouges ou « minimes ou duns » qui ont toujours le bec blanc.

D'ailleurs c'est une règle générale de ne jamais apparier deux oiseaux ayant les mêmes défauts, à moins que les pédigrées (généalogie) des deux oiseaux ne vous soit parfaitement connus.

Ne cherchez pas d'obtenir trop de qualités à la fois, mais exigez les deux principales : le bec et la morille ; les autres seulement lorsqu'une bonne occasion se présente.

Ayez toujours quelques couples de nourrisseurs (les voyageurs sont excellents pour cela) pour leur passer les jeunes lorsqu'ils ont six ou huit jours,

Les vieilles femelles ne doivent pas être accouplées avant mars, mais comme il est agréable d'avoir quelques couples de jeunes qui ont terminé leur mue, pour les premières expositions d'automne, quelques paires de jeunes et vigoureux pigeons peuvent être réunies dès janvier ou février.

Mais tout élevage doit cesser avec juillet, et les sexes séparés aussitôt.

Pour conclure j'engage fortement les jeunes amateurs à s'occuper de cette variété, car aucune autre n'offre autant d'intérêt à l'éleveur et le développement lent et graduel, des qualités de la tête, tient l'intérêt toujours éveillé.

Les qualités (points), telles qu'elles sont tracées par le Club de pigeons Polonais, sont comme suit :

A. Taille moyenne, cou court et fort, diminuant gracieusement des épaules à la tête, bien rond de poitrine, vol long, la queue plutôt courte, pas trop resserrée, secondes remiges saillantes, jambes courtes, sans aucune plume en dessous du genou, poids de 12 à 15 onces.

B. Port bien droit.

C. Tête large, crâne carré, largeur égale d'avant en arrière et aussi large que possible.

D. Bec court et massif, mandibules d'épaisseur égale, couleur chair, légèrement striées de noir.

E. Morilles du bec sans taches noires, bien d'aplomb, descendant bien sur le bec, d'une texture fine et la division aussi peu marquée que possible.

F. Bec bien largement ouvert.

G. Cercle de l'œil, circulaire, égal en proportion tout autour, se détachant bien de la tête, épais et de couleur corail brillant.

H. L'iris de l'œil perlée ou blanche, sauf dans les Polonais blancs qui ont toujours l'œil noir.

I. Couleur noir, rouge, jaune, blanc, minime ou dun.

Nº 11 — LE PIGEON CAPUCIN

Décrit par M. Paul Laval, *de Castres (Tarn).*

Ce pigeon appelé : Capucin, en France; Jacobin, en Angleterre; pigeon à perruque, en Allemagne, se distingue des autres races par un capuchon qui recouvre sa tête, descend le long du cou de chaque côté et forme une sorte de crinière qui part derrière la tête et descend sur son dos.

Il est petit ou de taille moyenne, gracieux de forme, le bec court ou demi-long recouvert de petites morilles blanches, la tête large et ronde, l'œil perlé et entouré d'un petit filet rouge, les ailes longues reposant sur la queue.

Les plumes du capuchon doivent être très longues et soyeuses. La coquille sur la tête est bien ronde, sans plumes formant pointe, les plumes bien rabattues doivent cacher la tête en partie.

Les plumes de la capuche à droite et à gauche du cou doivent se croiser sous le bec et tout le long du cou qu'on ne doit pas voir.

La crinière part du sommet de la tête, derrière la coquille, elle doit être bien garnie de plumes longues, hérissées, bien droites et arrivant, sans coupure sur le dos, en formant une courbe arrondie bien régulière.

De chaque côté, à droite et à gauche du cou, les plumes du capuchon se relèvent, croisent sur le cou et la poitrine. Celles de la crinière retombent sur les épaules. Cette séparation des plumes forme la raie du capuchon. Elle doit être bien marquée formant une courbe gracieuse parallèle au cou, sur le même plan à droite et à gauche.

Les pigeons Capucins sont suivant les variétés à pattes lisses ou emplumées.

Je connais les cinq variétés suivantes : anglaise, française, allemande, espagnole et allemande à visière.

Le Capucin anglais (Jacobin) est le plus beau de tous, mais il est très rare d'en trouver des parfaits. Il est noir, rouge, jaune, minime, à extrémités blanches, yeux perlés, pattes lisses.

Le capuchon doit être excessivement garni de plumes longues et soyeuses de telle façon que tenu en main, on ne doit voir du pigeon que le sommet de la tête. Le bec et les yeux doivent être enfouis dans le capuchon.

Tout le corps doit être de couleur, même les plumes des pattes formant manchettes. Le blanc de la tête doit commencer à la naissance du bec inférieur, passer sous l'œil, au mat auditif et à la naissance de la coquille sur la tête. Point de plumes blanches dans la coquille. La queue et le croupion sont blancs. Le vol blanc composé de 8 à 10 grandes rémiges.

Il existe des Capucins anglais blancs unicolores à œil perlé ; mais ces derniers provenant d'un croisement du Capucin blanc pur à œil noir, avec des rouges, noirs ou jaunes, reproduisent presque toujours des pigeons papillotés ; quelques-uns de ces sujets deviennent blancs pur après plusieurs mues lorsqu'ils sont légèrement papillotés étant jeunes.

Quand au Capucin anglais bleu, il n'en existe pas encore en sujets parfaits, puisque jusqu'ici on n'en a pas encore vus à l'exposition du Palais de Cristal à Londres.

Le Capucin français est loin de valoir son confrère anglais. Il est généralement plus petit et son capuchon est beaucoup moins développé. Il a aussi l'œil perlé et les pattes nues. Il en existe de toutes les couleurs propres aux pigeons.

Il est à extrémités blanches comme le Capucin anglais, le blanc de la tête descend sous le bec et sous l'œil, les cuisses, le ventre sont blancs et la ligne de séparation sous le ventre entre le blanc et la couleur doit être bien nette comme chez le Bald-head.

Le Capucin allemand est unicolore, rouge, jaune, noir, bleu barré noir et barré blanc, gris perlé barré blanc et j'ai même possédé des noirs barrés blancs que j'avais trouvé en Suisse. Il est à œil perlé, capuchon assez développé et pattes emplumées.

Le Capucin espagnol est papilloté légèrement blanc et rouge, blanc et jaune, blanc et noir, et blanc et bleu. Les papillotés blancs et noirs sont les plus communs et les plus beaux ; leur plumage flattant l'œil beaucoup plus que les autres nuances. L'œil est perlé et les pattes recouvertes de plumes blanches et de couleur, comme le reste du corps.

Le Capucin allemand à visière se distingue des autres par une huppe de plumes placées et retombant sur le bec en forme de visière comme chez le Tambour de Dresde. Le capuchon est le même que chez les autres Capucins, l'œil est noir chez la variété blanche et jaune chez les variétés de couleur ; les pattes sont lisses ou légèrement emplumées.

N° 12 — LE PIGEON PAON

Décrit par M. Paul Laval, *de Castres (Tarn).*

Le pigeon Paon ou à queue de paon, se distingue des autres races par la queue étalée et dressée en forme d'éventail portant de 24 à 42 plumes au lieu de 16 que portent les autres pigeons.

Il est, dit-on, originaire d'Asie et on en trouve beaucoup en effet et de très beaux dans les Indes.

Le pigeon Paon est de grosseur variable, mais doit être classé cependant parmi les petites races. Il a le bec mince et plutôt long, l'œil sans filet, noir chez les variétés blanches, à manteau et à queue de couleur ; jaune au perlé chez les variétés de couleur unie ou à queue blanche. Les morilles petites et blanches, la tête plutôt petite, portée par un cou long, mince et replié comme celui du cygne, les ailes attachées bas et trainantes, portées sous la queue, les pattes rouges, lisses ou recouvertes de plumes pas très longues. On trouve des sujets huppés et à tête lisse. La queue bien ouverte en forme d'éventail, concave, sans vide au milieu et portée presque perpendiculaire au sol. Plus la queue est large, bien portée et garnie de plumes larges, aussi plus le pigeon Paon a de la valeur.

Il est très mauvais voilier, sa queue lui étant un obstacle avec les grands vents, aussi est-ce bien dans toute l'acception du mot, un pigeon de volière.

Il est très familier et élève bien ses petits.

On s'attache beaucoup trop souvent à la quantité des plumes à la queue que doit avoir un pigeon Paon. Ce n'en est point le nombre qui en fait la beauté. J'ai eu des pigeons Paons de couleur possédant

38 à 42 plumes à la queue. Les plumes étaient étroites, très serrées ou bien la queue trop lourde était ou portée de travers, ou en forme de parapluie sur la tête du pigeon, ce qui ne le rendait pas gracieux. Tandis qu'un pigeon ayant de 28 à 32 plumes, tient généralement mieux sa queue et les plumes étant plus larges, elle a la même circonférence que celle d'un pigeon en ayant 40 à 42 plumes.

Les qualités à rechercher chez le pigeon Paon sont les suivantes : queue bien ouverte, sans vide au milieu et portée presque perpendiculairement, plumes de la queue très larges et disposées bien symétriquement de façon à former un éventail complet, ayant une forme un peu concave (les queues tout à fait plates ne sont point aussi belles), cou mince et long replié en arrière, tête petite et fine, poitrine bombée et saillante, ailes attachées bas, bien trainantes et portées sous la queue.

A éviter et à ne point conserver comme reproducteur, les pigeons ayant la queue ouverte au milieu ou portée de travers.

On rencontre dans cette race les variétés suivantes :

Variété écossaise. — La plus belle de toutes. Le type de cette variété doit être très petit, le corps arrondi, ayant la forme d'un œuf, le gros bout en haut. La poitrine très saillante, le cou long, très mince, gracieusement recourbé et rejeté en arrière, portant une petite tête très fine qui doit reposer sur le croupion à la naissance de la queue.

Le pigeon se tient très droit sur le bout des pattes, les ailes trainantes sous la queue touchent à terre. Leur extrémité sert de support au pigeon. Dans cette position, le haut de la poitrine et les pattes sont presque sur la même ligne perpendiculaire au sol. Vu de face, c'est un pigeon sans cou et sans tête ; on ne voit que la poitrine, les pattes et la queue. De temps en temps, s'il se remue, ce qu'il ne manque de faire, on voit apparaître derrière la poitrine, à côté de la queue à droite ou à gauche, un œil noir très vif et sa tête. Il est continuellement agité d'un tremblement convulsif, pénible même à voir chez certains sujets, le cou et la tête sont rejetés, en avant, en arrière, par côté, il tourne sur lui-même, le corps, les ailes, tout tremble. Souvent ce pauvre pigeon tombe à la renverse pour se relever aussitôt et recommencer son tremblement perpétuel.

La queue du Paon écossais n'était pas autrefois très fournie de plumes et n'en comptait que de 24 à 30.

Aujourd'hui on le croise avec le Paon anglais à large queue, afin d'obtenir un éventail plus garni, tout en essayant de lui conserver ces qualités de trembleur qui le distinguent des autres variétés.

Il existe des Paons écossais de toutes les couleurs, mais je n'ai jamais vu que des blancs huppés, à têtes lisses et manteau bleu, présentant bien les caractères du type de la race pure. Les Paons écossais sont à pattes lisses, huppés ou sans huppe.

Variété indienne. — A peu près le type du Paon d'écosse, mais ayant généralement les pattes emplumées.

Variété anglaise. — De taille beaucoup plus forte, presque pas trembleur, pattes lisses et pas de huppe, large queue portant de 30 à 40 plumes. Là nous trouvons toutes les nuances, mais c'est toujours dans les blancs que sont les plus beaux sujets.

Variété allemande. — Blanche à manteau de couleur et de couleur à queue blanche et inverse blanche à queue de couleur. Dans cette variété on trouve des sujets à large queue, mais ils sont rares et c'est plutôt comme collection que comme type de race qu'on peut avoir ces pigeons qui font le plus bel effet dans le colombier. On y trouve des huppés, des têtes lisses, des pattes lisses et emplumées. Enfin une variété peu connue que j'ai trouvé en Autriche, c'est le Paon de couleur unie, bleu, gris-perle, noir, rouge, jaune, à barres blanches aux ailes, et des bleus, noirs, gris-perle ayant aussi la queue barrée de blanc, qui produisent le plus bel effet : huppés et à tête lisse.

N° 13 — LE PIGEON PAON-CAPUCIN

Décrit par M. J. VOITELLIER, *directeur de « l'Aviculteur », de Mantes.*

Les colombophiles pensaient sans doute avoir épuisé la série des fantaisies avec les créations les plus bizarres que l'on puisse imaginer. Ils avaient oublié une combinaison qui pourtant est toute naturelle et semble réunir le maximum d'élégance en même temps qu'elle présentait à réaliser le maximum de difficultés.

Nous avons sous les yeux la photographie d'un couple de pigeons obtenus tout récemment, après de longs et patients efforts, par un amateur dont la modestie est telle qu'il nous a prié de ne pas le nommer pour le moment.

Il tient à ne montrer ses précieux pigeons en public que quand il pourra en mettre en ligne six couples absolument pareils.

Ces pigeons sont des Paons-capucins, c'est-à-dire qu'ils ont l'arrière des meilleurs queues-de-paon écossais et la tête des Capucins les mieux capuchonnés.

Ils sont entièrement blancs ; l'amateur qui les a produit a eu le bon sens de ne pas chercher à compliquer son œuvre par les difficultés de plumage et il s'est contenté de prendre les auteurs de son produit dans les blancs purs, n'ayant ainsi à sélectionner que dans le sens de la forme et de la disposition des plumes. La tâche était déjà suffisamment ardue, et voilà, nous a-t-il avoué, plus de sept ans qu'il y travaille, et maintes fois il a été sur le point de se décourager. Mais rien n'est tenace comme un colombophile et le succès qu'il a la conviction de tenir à présent lui a déjà fait oublier toutes ses peines.

Bientôt le pigeon Paon-capucin sera reconnu comme une variété classique et le temps n'est pas éloigné où il figurera officiellement dans les programmes de nos expositions.

On trouvait déjà des amateurs pour payer au poids de l'or une paire de Paons d'Écosse ou une paire de Capucins ; quel prix ne trouvera-t-on pas d'une paire de Paons-capucins absolument réussie. Les riches amateurs ont encore de beaux jours en perspective, et les auteurs de monographies pourront ajouter à leur livre un chapitre nouveau. Tant il est vrai qu'une œuvre, si parfaite soit-elle, n'est jamais complète, et qu'en tout, surtout en aviculture, il faut toujours du nouveau, n'en fût-il plus au monde.

N° 14 — LE PIGEON BOUVREUIL D'ARCHANGEL

Décrit par M. ROBERT FONTAINE, *de Marcq-en-Barœul (Nord).*

Le pigeon Bouvreuil d'Archangel est d'origine anglaise et est un des plus beaux pigeons qu'on puisse voir.

Il est de la grosseur du Biset, il a le bec grêle et de couleur noire. La huppe, indispensable, doit être bien pointue et non en forme de coquille ; elle doit être placée plutôt haut que bas.

L'œil est rouge orangé, autrement dit œil de coq ; la membrane qui entoure l'œil est de couleur chair plus ou moins rougeâtre.

Le cou est assez mince, la poitrine assez large, et le dos également. Les ailes sont de longueur moyenne et se posent sur la queue sans se croiser. La queue ordinaire. Les jambes courtes, les pattes nues et de couleur rouge carmin.

Il en existe deux variétés : la rouge qui est sans contredit la plus belle et la plus répandue, et la jaune.

Le pigeon Bouvreuil d'Archangel rouge, a la tête, le cou, la poitrine et toute la partie inférieure du corps rouge très foncé avec des reflets métalliques ou verts violacés à la base du cou. Le dos, les ailes, le croupion et la queue sont noirs avec des reflets verts comme le canard du Labrador.

C'est surtout lorsque ces pigeons sont au soleil que ces magnifiques reflets métalliques apparaissent.

Ces pigeons ne doivent pas avoir de taches bleues ou fauves sur les ailes, comme on les rencontre quelquefois aux expositions et qui sont même primés bien à tort.

L'aile doit être d'un noir luisant, sans aucune trace d'autre couleur.

La variété jaune est semblable à la rouge, à l'exception de la couleur rouge qui est remplacée par la jaune et les reflets du cou qui sont cuivrés.

La race est rustique et très féconde, elle a le vol très léger. Les jeunes ne prennent les reflets verts métalliques qu'après la première mue.

Les principales qualités à rechercher sont :

Une riche couleur bronzée de la tête jusqu'aux extrémités, la queue et le croupion noirs, la huppe bien pointue et droite, la couleur des ailes bien noire.

Les défauts à éviter : huppe en coquille ou dirigée d'un côté, yeux perlés, plumes d'un noir terne, ailes écaillées, queue bleuâtre.

N° 15 — LE PIGEON PIE

Décrit par M. F. Couchot, *de La Rochebordeaux*
(Maine-et-Loire).

Le pigeon Pie est un métis du pigeon volant et du pigeon Culbutant. Il a en effet, une grande tendance à culbuter et il n'est pas rare de voir des pigeons Pies en liberté se donner le plaisir de faire dans l'espace quelques sauts périlleux.

Il a le vol léger et soutenu et les formes de son corps, bien qu'un peu plus fortes que celles du Culbutant, ont beaucoup de rapport avec celles de ce pigeon.

Il est petit de taille, le bec grêle, le cou court, la tête petite et légèrement allongée, l'iris perlé, les ailes longues, la poitrine développée, la queue courte, les torses rouges, courts et nus ; la tête, le cou, la poitrine, le dessus du dos et la queue sont colorés ; le manteau et le fouet des ailes, les cuisses et la partie inférieure du ventre sont blancs.

Le pigeon Pie reproduit très bien et est très prolifique.

Il existe plusieurs variétés de pigeons Pies qui sont toutes très jolies, savoir : noire, rouge, chamois, bleue, olive, etc.

De toutes ces variétés, c'est la noire qui a la préférence des amateurs, parce qu'elle se rapproche le plus du type à qui elle doit son nom.

Il y a deux sous-races dans les pigeons Pies, savoir : 1° le pigeon Pie harnaché et, 2° le pigeon Pie contraire.

Le Pie harnaché originaire d'Allemagne, ne diffère du Pie ordinaire que par la couleur de la tête qui est blanche, au lieu d'être colorée et par ses pattes qui sont abondamment garnies de plumes longues et raides, au lieu d'être nues ; toutefois, il a le corps plus grêle, le cou et les jambes plus longues que le pigeon Pie ordinaire, son iris est noir au lieu d'être perlé.

Le Pie harnaché est très rare en France et en Angleterre où les éleveurs l'apprécient grandement, mais est commun en Allemagne où on le rencontre très vulgairement.

Le pigeon Pie contraire est l'inverse du pigeon Pie ordinaire dont les parties colorées sont blanches et les parties blanches colorées.

Il a la tête, la poitrine, le dessus du dos et la queue blancs ; le manteau, le fouet des ailes et le dessous du ventre colorés.

Ces deux sous-races ont les mêmes caractères que la race principale et comme elle, elles méritent l'attention des éleveurs.

N° 16 — LES PIGEONS TUMBLERS ANGLAIS

Décrits par M. R. Van Alphen, d'Anvers (Belgique).

DESCRIPTION

CARACTÈRES COMMUNS A TOUTES LES VARIÉTÉS

Tête : Doit s'élever perpendiculairement depuis la base du bec et être large, élevée, ronde et être aussi courte que possible depuis le front jusqu'à l'arrière de la tête ; les plumes sous les yeux et sous le bec doivent être larges et un peu relevées (muffed).

Bec : Très court, fin, droit et pointu.

Œil : Perlé, brillant et saillant.

Cou : Court, large à la base, se rétrécissant depuis l'épaule jusqu'au bec et bien arqué.

Ailes et queue : Courtes, proportionnées et bien placées. Ailes portées sous la queue.

Pattes : Courtes.

Formes : Compacte.

Pose : Droite, active et fière ; tête rejetée en arrière.

Taille : Aussi petite que possible.

LE PIGEON TUMBLER ALMOND

La couleur fondamentale doit être un jaune uni et brillant, le croupion et les cuisses doivent être de même couleur que les épaules et également mouchetés de noir brillant. Les plumes des ailes et de la queue doivent avoir trois couleurs distinctes : jaune, blanc, noir qui doivent se trouver en taches et clairement définies. Le bec doit être de couleur chair.

LE PIGEON BALD-HEAD

La tête doit être également blanche jusque sous l'œil, mais un peu dessous seulement ; il faut que l'arrière de la tête soit régulièrement marqué. Le corps, la poitrine et le cou sont de couleur. Le ventre, les cuisses, la queue et les dix premières plumes des ailes sont blancs.

Couleurs : bleus, argentés, rouges, jaunes, noirs. Le bec doit être de couleur chair pour toutes les couleurs.

LE PIGEON BEARD

L'oiseau tout entier est de couleur, excepté une tache blanche en forme de croissant sous le bec. Les plumes des ailes et de la queue sont blanches. Les couleurs sont identiques à celles des Bald-heads. Le bec des rouges et jaunes est de couleur chair. La mandibule supérieure des bleus et noirs est de couleur noire, l'intérieure est de couleur chair.

LE PIGEON TUMBLER KITE

Est noir avec plus ou moins de reflet rougeâtre ou jaunâtre dans le plumage.

LE PIGEON TUMBLER AGATE

La couleur est rouge ou jaune avec plus ou moins de blanc, les plumes des ailes et de la queue doivent être de couleur uniforme.

LE PIGEON TUMBLER WHOLE-FEATHER

Est exempt de blanc, il doit être de couleur uniforme.

LE PIGEON TUMBLER MOTTLE

Est de couleur uniforme, à l'exception d'une douzaine de plumes blanches également distribuées sur les épaules.

ÉLEVAGE

Il est généralement admis que le Culbutant à face courte est à peu près le pigeon le plus difficile à produire et si l'on considère la difficulté qui existe pour obtenir un vrai sujet remarquable et l'attention constante qu'il exige particulièrement durant la saison d'élevage, il ne peut être assez estimé. Aussi il est impossible d'élever des Culbutants à face courte sans l'assistance d'autres pigeons ; on choisira pour cela des Culbutants ordinaires ; il faudra au moins trois couples de ceux-ci contre un couple des autres. On ne permettra pas aux Culbutants à face courte de couver leurs œufs, s'il y a moyen de les en empêcher pour ce motif qu'ils ne peuvent pas produire de chaleur suffisante à cause de leurs petits corps.

Pendant cette saison la nourriture consistera en vesces, froment, riz et petites graines.

N° 17 — LES PIGEONS CULBUTANTS AUTRICHIENS ET ALLEMANDS

Décrits par M. ROBERT FONTAINE, *de Marcq-en-Barœul (Nord).*

Les pigeons *Culbutants autrichiens* se divisent en : 1° *Culbutants de Vienne,* unicolores, à vols blancs, à ailes blanches. Le culbutant de Vienne (variété Wiener Gansel) a la couleur du Bagadais de Nuremberg, c'est-à-dire, a la partie inférieure du cou, la partie supérieure de la poitrine, une sellette sur le dos et la queue colorées, le reste blanc. Le bec des Culbutants viennois est court et épais, le tour des yeux est garni d'un cercle de chair rouge d'environ deux à trois millimètres à la façon des pigeons Polonais. Les tarses et les doigts sont nus.

2° *Le Culbutant de Pesth*, blanc argenté, avec le vol et la queue noirs ; le tour de l'œil est bleu foncé, le bec moins court que les viennois ; il y en a à pattes lisses et à pattes emplumées.

3° *Le Culbutant de Prague* se rencontre dans les couleurs unicolores, il a les ailes barrées de blanc ; le bec est court sans être trop épais.

Les pigeons *Culbutants allemands* se divisent en : 1° *Culbutant allemand blanc* à front bombé, bec court et épais, pattes lisses ou emplumées.

2° *Le Culbutant allemand coquillé*, à queue blanche avec ou sans vol blanc, bec demi-long, pattes lisses. Le même, coquillé, inverse, c'est-à-dire blanc avec la queue de couleur, pattes lisses.

3° *Le Culbutant de Hanovre*, unicolores, à vol blanc ou à queue blanche, le bec long, tour de l'œil rouge.

4° *Le Culbutant de Brunswick*, qui n'est autre que le Beard des Anglais ; la différence consiste en ce que le bec, qui est court chez le Beard, est long chez le Brunswick ; la queue est colorée, au lieu d'être blanche comme chez le Beard.

5° *Le Culbutant d'Elbing* n'est autre que le Bald-head des Anglais ; le bec est un peu plus long.

6° *Le Culbutant allemand à tête blanche* est le même que ci-dessus, mais avec le bec long.

Comme on le voit, les variétés de Culbutants sont nombreuses, et il en existe probablement encore d'autres, que nous ignorons.

N° 18 — LE PIGEON CULBUTANT FRANÇAIS

Décrit par M. ALEX. DETROY, de Saint-Maurice-Lille.

Le pigeon Culbutant français, au premier aspect, semble être un peu moins fort de taille que le pigeon Haut-volant.

Sa jolie tête, au bec un peu court surtout chez le mâle, ses yeux perlés, éveillent l'idée de ce charmant oiseau lorsqu'il est blanc. En y regardant de plus près, on s'aperçoit bien vite que le Culbutant français n'est que petit-cousin du pigeon Haut-volant.

Sa taille est un peu en dessous de celle du pigeon voyageur anversois ; son bec, plus délicat que celui de ce dernier, en a à peu près la forme : ses yeux sont cerclés d'une membrane lisse, presque semblable à celle du susdit pigeon voyageur ; la pupille, très rétractile, se rétrécit ou se dilate à tout instant suivant l'espace que l'oiseau veut embrasser ; l'iris est perlé, très blanc près de la pupille, se sable de rouge, de plus en plus en s'en éloignant. La forme générale de l'oiseau est légèrement plate vue de dos ; il porte les épaules un peu hautes à l'état de repos, ce qui les fait ressortir ; ses ailes sont longues, mesurent 50 centimètres d'envergure ; les longues plumes des ailes, portées au-dessus de la queue, se rejoignent sans se croiser à 3 centimètres de son extrémité.

Les plumes de la queue ont 10 centimètres ; au repos, l'oiseau mesure 25 centimètres de longueur totale du bec au bout de la queue.

Les pattes courtes sont nues ou garnies de plumes ; celles des manchettes ont 5 centimètres, les plus longues de la patte et des tarses ont la même longueur. Il marche en se dandinant à cause de ses pattes courtes ; il porte la tête légèrement en arrière, le bec ramené vers le cou.

Son plumage varie à l'infini. Il y en a des blancs, des noirs, des bleus, des noirs à vols blancs, des cailloutés noir et blanc (ce sont les plus beaux) et des blancs légèrement mouchetés de noir ou de **roux.**

Vifs et gais, ils sont très prolifiques; mais ce qui distingue tout particulièrement ce charmant oiseau de ses congénères, c'est la singularité de son vol. C'est surtout au printemps, au moment des amours, qu'il est curieux à observer.

Il s'élève en l'air en décrivant de grands cercles, puis tout à coup, après avoir fait quelques appels des ailes, il fait en arrière, une ou plusieurs pirouettes en maintenant ses ailes ouvertes, puis remonte aussitôt pour recommencer sa manœuvre.

Les amateurs font grand cas de cette singularité. Cette pirouette originale, est en effet bien amusante, et ne manque pas de stupéfier les profanes qui la voient exécuter la première fois.

Je ne sais si le Culbutant allemand, anglais, etc., a la même habitude. Il est probable même qu'à force d'être sélectionnés en volière, ces oiseaux ont cette aptitude plus ou moins atrophiée.

Le Culbutant français, quoique bien mignon, n'est pas un oiseau de volière. Il doit voler en pleine liberté pour qu'il conserve au plus haut degré possible cette précieuse et originale disposition qui en fait le clown des pigeons.

N° 19 — LE PIGEON HAUT-VOLANT

Décrit par M. R. De Boeve.

Le pigeon Haut-volant est très anciennement originaire de Liège et a été très répandu en Belgique, mais devant la multitude des amateurs qui préfèrent l'élevage des pigeons voyageurs ou des nombreuses variétés de pigeons de toutes races, il finira par disparaître complètement dans un délai plus ou moins rapproché.

Cependant il mérite réellement l'attention des amateurs, par le spectacle qu'offre ses évolutions aériennes, à une hauteur prodigieuse.

Il a la faculté de voler dans les airs à une altitude des plus élevées, sans discontinuer, pendant plusieurs heures consécutives et de planer dans les airs dans tous les sens, sans paraître se fatiguer.

Il a le corps petit, la tête fine, l'iris blanc d'émail, avec un léger filet rouge autour des yeux, les pattes non emplumées.

Leur plumage est blanc, avec les plumes du cou à reflets métalliques ou rouges, les ailes longues se reposant sur la queue sans se croiser.

Cette race se reproduit sans aucune difficulté et son alimentation est l'ordinaire de tous les pigeons de reproduction.

N° 20 — ÉTUDE SUR LES PIGEONS BOULANTS

Décrite par M. Robert Fontaine, *de Marcq-en-Barœul (Nord).*

Les premiers auteurs que j'ai lus et qui parlent des pigeons Boulants sont : Buffon, qui nous donne treize variétés de grosses gorges suivant les couleurs. Il dit que ces pigeons se reconnaissent à la faculté qu'ils ont d'enfler prodigieusement leur jabot en aspirant et en retenant de l'air.

Boitard et Corbié (1824) intitulent leur chapitre : Grosses gorges ou Boulants et trouvent que les pigeons d'origine pure doivent être d'une couleur uniforme avec les grandes pennes des ailes blanches.

Ils ajoutent que la grosseur de leur gorge leur est souvent funeste, parce que les éperviers les prennent facilement au moment où ils se rengorgent.

Ceci pourrait exister si ces pigeons s'éloignaient beaucoup de leur colombier, mais ils sont très sédentaires et leur prix assez élevé fait que les amateurs les tiennent enfermés dans de grandes volières.

Un grand inconvénient des Boulants, c'est qu'ils s'engavent assez facilement, c'est-à-dire que si on leur laisse de la nourriture à volonté et que l'oiseau se sente un peu indisposé, il mange tant que sa boule soit remplie ; il se met alors dans un coin la tête baissée par suite du poids du manger et si on ne l'apercevait pas, il mourrait d'indigestion.

Pour parer à cet état de choses, Boitard et Corbié indiquent un remède : « C'est de placer le pigeon dans un bas de laine dont on a coupé le bout du pied. On glisse le pigeon par le haut du bas, on lui place la boule dans le talon du bas, on lie le pigeon, les pattes allongées le long de la queue et on accroche l'oiseau, la tête en haut, à un clou près du feu, en ayant soin de lui donner seulement à boire de temps en temps.

Quelquefois, le lendemain ou le surlendemain, le pigeon a digéré, mais lorsque la portion est très forte, il ne peut se dégaver et meurt.

Un moyen plus efficace de le sauver, c'est de lui introduire dans la gorge un petit tube en fer blanc ayant un centimètre de diamètre et long de dix, on lui verse un peu d'eau tiède et en tenant le pigeon la tête en bas, on agite la boule du pigeon, le grain s'en va très facilement. Il faut tout enlever et si l'on doit reverser de l'eau pour faire évacuer plus facilement, on peut le faire plusieurs fois. Lorsque le pigeon est dégagé, on le place dans une cage à la diète, ne lui donnant que de l'eau environ douze heures après, et au bout de vingt-quatre heures, on lui donne plein un verre à goutte de blé et un peu de pain rassis émietté; petit à petit, on augmente la ration, et au bout de trois jours, on peut remettre le pigeon au colombier.

Boitard et Corbié nous donnent comme existantes, les mêmes variétés que celles décrites par Buffon et complètent par la grosse gorge anglais qui, disent-ils, est une variété superbe qui n'existe qu'en Angleterre, semblable au nôtre: quant à la forme, il atteint souvent la grosseur d'un pigeon Romain. Il produit beaucoup.

Viennent ensuite trois variétés de pigeons allemands et enfin le pigeon Boulant lillois qui, selon eux, forme une classe à part. Ces pigeons, disent-ils, diffèrent des Boulants en ce qu'ils ont la boule ovale au lieu d'être sphérique ; ils tirent leur nom de la ville de Lille où ils sont aussi estimés que répandus. Ils en trouvent deux variétés : le lillois élégant et le lillois claquard.

Le premier, très bien fait, a une forme élégante, le corps placé presque verticalement sur ses jambes, pieds chaussés, le doigt du milieu seul recouvert de plumes, caractère que l'on ne rencontre que dans cette variété, plumage bleu barré noir, ou blanc argenté, blanc ardoisé avec les ailes bariolées de gris-perle, etc.

Le deuxième fait avec ses ailes, au commencement de son vol, un bruit assez semblable à celui d'une claquette, d'où son nom. Il a les ailes longues et croisées sur la queue, pieds chaussés et éperonnés. Son plumage est blanc, ou chamois, ou bleu épaulé de blanc.

Brehm nous dit que les variétés de Boulants sont innombrables et qu'indépendamment de ces variétés, on trouve des races variant par la forme, tel que le Boulant à bavette, qui prend au devant du cou, l'ornement des pigeons cravatés ; le Boulant lillois a la boule ovale et le Boulant maillé, plus petit que le lillois et plus bas sur pattes.

On rencontre le Boulant maillé jacinthe et le Boulant maillé feu.

Divers auteurs ont décrit diverses races de Boulants, dont les principales : 1° l'anglais ou écossais ; 2° le nain d'Amsterdam ; 3° le petit Boulant allemand ; 4° le Boulant lillois ; 5° le néerlandais ; 6° le Boulant hongrois, etc.

Nous allons décrire les espèces et variétés de pigeons Boulants les plus connus de nos jours, à la suite de cette étude des pigeons Boulants primitivement connus.

N° 21 — LE PIGEON BOULANT FRANÇAIS

Décrit par M. Robert Fontaine, de Marcq-en-Barœul (Nord).

1° *Race d'Amiens.* — C'est sans contredit le plus beau de tous les Boulants, car il est beaucoup plus élégant que le grand Boulant anglais et le plumage, la longueur et la hauteur des pattes sont les mêmes. La moyenne des pigeons Boulants d'Amiens mesure 0ᵐ 46 centimètres et la hauteur des pattes est de 0ᵐ 19 centimètres. La longueur se mesure de la pointe du bec à l'extrémité de la queue, lorsque le pigeon est allongé sur un plan horizontal. La hauteur des pattes se mesure depuis la jonction de la cuisse avec le corps jusqu'à l'extrémité de l'ongle du doigt majeur.

Il existe cependant des pigeons plus grands, j'en possède un blanc qui a 0ᵐ 50 de longueur et 0ᵐ 20 centimètres de hauteur de pattes. Cet oiseau, né en 1890, a obtenu déjà sept prix et deux prix d'honneur,

Le Boulant d'Amiens a la tête fine et allongée, le bec grêle et assez long, les caroncules nasales très petites ; l'œil grand et entouré d'un petit cercle de chair couleur jaunâtre ; le cou long, possède à sa partie antérieure une poche que l'oiseau gonfle d'air à volonté,

Cette poche a la forme d'une sphère et se termine au commencement du sternum. Le dos est un peu ensellé, le corps grêle, les épaules saillantes sont très serrées au corps comme aussi les ailes qui sont longues, assez relevées et se croisant sur le dessus de la queue qui est longue.

Les cuisses doivent être très détachées du corps et ressortir fortement, c'est une des principales distinctions de ce pigeon avec le grand Boulant anglais, elles doivent être longues ainsi que les pattes, qui sont fines et très peu coudées au genou, elles ne doivent pas être trop écartées l'une de l'autre.

Les tarses peuvent être nus ou avoir une rangées de petites plumes sur la partie extérieure. Cette rangée de petites plumes continue sur le doigt extérieur et sur le doigt médium. Lorsque les tarses sont nus, les doigts doivent l'être également.

Le Boulant d'Amiens se tient très droit et c'est surtout au moment de l'accouplement qu'il se fait beau, car en temps ordinaire, il ne gonfle pas toujours sa boule. Il est vrai qu'on peut lui gonfler en lui soufflant de l'air dans le bec, mais rarement l'oiseau conserve cet air très longtemps.

Cette race de pigeon est très en vogue à Amiens et dans les environs, mais les beaux sujets se font rares.

Le pigeon Boulant n'a pas le don de plaire à tout le monde, et bien peu d'amateurs les cultivent. J'ai entendu souvent des personnes me demander comment je pouvais être amoureux des pigeons ayant des goîtres.

Ce qui fait surtout renoncer les amateurs à élever ce pigeon, c'est son peu de fécondité et la difficulté d'élever les jeunes. Le sang du pigeon a été affaibli par trop de sélections. Ainsi j'ai mis plusieurs années des œufs de Boulants à des Carneaux et à des Voyageurs, ne leur laissant même qu'un jeune sur les deux, ces derniers ne m'élevaient pas les jeunes Boulants, tandis que les Boulants à qui j'avais substitué les œufs de Carneaux ou de Voyageurs me les élevaient très bien.

Ceux qui élèvent ces pigeons en vue des expositions savent combien il est difficile d'obtenir de beaux sujets et il arrive souvent que des juges ne tiennent pas compte de ces difficultés et veulent voir des sujets parfaitement marqués comme ils les ont vus sur un livre ce qui est, en quelque sorte, impossible d'obtenir, à moins que de faire comme cet anglais qui avait collé des plumes blanches sur les épaules de ses pigeons pour leur faire un marquage régulier.

J'ai remarqué que les juges qui ont élevé des Boulants sont plus indulgents dans leur distribution de récompenses que ceux qui ne les connaissent que par des dessins qui, le plus souvent, sont des caricatures.

Il existe cinq variétés de pigeons Boulants d'Amiens : Le blanc d'un bout à l'autre doit avoir l'œil noir, il peut avoir le tour de l'œil rouge.

Le bleu, le noir, le rouge et le jaune avec bavette et vols blancs et avec ou sans épaulettes blanches et avec ou sans croupion blanc.

Ils doivent avoir l'œil rouge orangé.

La bavette est un croissant de plumes blanches que le pigeon porte sur sa gorge en forme de hausse-col et qui s'arrête, de chaque côté, à environ un centimètre de l'œil. Le vol consiste dans les dix grandes rémiges de l'aile. Les épaulettes sont formées par une dizaine de plumes blanches sur les épaules, mais il est très rare de trouver ce marquage bien régulier.

La partie inférieure du corps est blanche ainsi que les jambes. Les bleus et les noirs doivent avoir la queue de couleur, les rouges et les jaunes doivent l'avoir blanche. Le bec chez les premiers est noir, chez les autres blanc rosé.

On rencontre aussi des sujets bleus, noirs, rouges ou jaunes, sans bavette, ni épaulettes mais ils sont beaucoup moins estimés.

2° Le pigeon Boulant lillois est beaucoup plus petit que le Boulant d'Amiens ; il a la boule de forme ovale au lieu de l'avoir ronde comme le Boulant d'Amiens.

Sa taille varie entre 0^m38 et 0^m40 centimètres de longueur.

La hauteur des pattes est en proportion. Celles-ci sont toujours nues. Ce qui le distingue encore, c'est son plumage qui revêt les couleurs suivantes : la blanche, la bleue, avec les ailes barrées noir ou blanc, la noire, la rouge et la jaune unie ou avec barres blanches ; enfin la tigrée qui est mouchetée de noir sur fond blanc, les vols et la queue sont noirs.

C'est en réalité une forte diminution du pigeon Boulant d'Amiens.

N° 22 — LE PIGEON BOULANT ANGLAIS

Décrit par M. P. POLVLIET, de Rotterdam (Hollande).

Comme j'ai lu quelquefois, le pigeon Boulant anglais est cultivé par le croisement d'un Boulant hollandais et d'un Horseman. Ce sont principalement les amateurs écossais, qui ont élevés les Boulants d'une telle perfection, comme on les trouve de nos jours dans les expositions du « Crystal Palace » ou du « Dairy show » de Londres.

Les différents points pour juger les Boulants anglais sont : la longueur des pattes, des plumes et de la boule, les marques, le délié de la taille ainsi que la couleur.

Le pigeon Boulant anglais doit être un pigeon proportionné par excellence, tellement que la longueur des pattes, la taille, les plumes, etc., doivent être précisément d'accord.

Les exigences se rapportent que les pattes sont de dix-sept centimètres de longueur, bien placées, l'une pressée par l'autre, tout-à-fait emplumées ; les plumes aux pattes doivent être très courtes, excepté aux doigts des pieds ; là commencent les plus longues plumes.

La boule doit être formée comme une balle parfaitement ronde, le bec doit se reposer sur la boule et cette boule doit se terminer insensiblement au milieu du corps.

Le délié de la taille, autour des épaules est d'une beauté capitale. Naturellement c'est l'âge du Boulant qui peut dominer ce point.

Pour avoir une bonne taille, il faut que les ailes pressent beaucoup les épaules ; de longues plumes au corps est un point principal, parce qu'il faut de la symétrie entre les longueurs des plumes des pattes et de la queue.

Un bon pigeon Boulant anglais mesure quarante-huit centimètres de longueur et satisfait alors à toutes les exigences pour la taille. La couleur et les marques m'intéressent le moins.

Il y a des Boulants anglais de deux couleurs, c'est-à-dire : blanc et noir, bleu, jaune ou rouge et blanc unicolore. La couleur blanche, quand à la couleur, n'exige aucune description ; la difficulté existe seulement d'obtenir des Boulants blancs, aussi grands que les autres couleurs.

Les Boulants des autres couleurs doivent avoir une marque blanche qui forme sur la boule une demie lune, laquelle doit être marquée aussi régulièrement que possible, et qui se finit à chaque côté du cou. Les vols sont également blancs et le reste de l'aile est coloré.

Presqu'au milieu de l'aile, il y a une petite rosette de plumes blanches.

Les variétés bleues et noires, doivent avoir la queue de la même couleur que les ailes ; tandis que la queue doit être blanche dans les autres couleurs.

Les noirs sont de la variété la plus exquise.

Il vaut mieux les accoupler avec des rouges, parce que les rouges sont d'ordinaire très bien marqués aux pattes ; mais pour avoir la bonne couleur, il faut accoupler les jeunes de ce couple avec des noirs. Les bleus s'accouplent avec les sujets de la même nuance. Mieux vaut accoupler les rouges entre eux ; si un tel couple produit un jaune, accouplez ce dernier avec un rouge, afin de renforcer la couleur jaune.

Les blancs s'accouplent aussi entre eux, mais il faut toujours prendre des blancs, d'un autre sang, pour l'élevage, et aussi longtemps que les blancs ne donnent pas des jeunes ayant le bec noir ou les yeux oranges, on peut s'en servir.

Quand on a des Boulants mal pattus, c'est-à-dire quand ils ont trop de plumes aux pattes ou qu'ils n'en ont presque pas, il faut toujours accoupler deux Boulants dont chacun à ces défauts.

Il faut donner beaucoup d'espace aux Boulants pour qu'ils puissent se promener, leur prodiguer des douceurs plusieurs fois par jour, soit par des petites graines ou autres, les prendre souvent en mains, afin qu'ils soient bien familiers, quand ils sont plus âgés, ce qui est un grand avantage pour les expositions.

Pour finir ma description du pigeon Boulant anglais, je pense qu'il est incontestablement ridicule d'offrir des Boulants anglais de première race, à raison de vingt francs la couple, comme on voit parfois dans les journaux d'élevage, parce qu'on paie en Écosse (la patrie des beaux Boulants) au moins de 700 à 800 francs pour un bon sujet, qui puisse réclamer un premier prix dans une des plus grandes expositions d'Angleterre.

N° 23 — LE PIGEON GRAND BOULANT ANGLAIS

Décrit par M. ROBERT FONTAINE, *de Marcq-en-Barœul (Nord).*

Le pigeon Grand Boulant anglais a les mêmes caractères et couleurs que le Boulant d'Amiens. Sa distinction consiste en ce que : 1° les ailes se posent sur la queue sans se croiser ; 2° les jambes sont complètement garnies de plumes qui forment une espèce de caleçon ; 3° la cuisse ne forme pas saillie à sa naissance.

Le coude, les tarses et les doigts, doivent être assez emplumés pour qu'on ne puisse voir de chair. Les plumes des cuisses et des tarses sont molles, celles des doigts sont raides. Il ne faut pas que les plumes du coude dépassent à la façon des volailles cochinchinoises, mais descendent bien le long de la jambe en l'enveloppant parfaitement.

J'ai connu il y a quelques années des grands Boulants anglais marqués comme le Boulant gantois dominicain ou le Bagadais pie allemand, c'est-à-dire qu'ils avaient la partie inférieure de la boule, la partie supérieure de la poitrine, une sellette sur le dos et la queue colorés, le reste blanc ; on les appelait Nonnés, tandis que ceux à bavette et vols blancs étaient appelés Carnieux. Ces pigeons sont devenus très rares à cause de la difficulté à obtenir un beau marquage.

N° 24 — LE PIGEON BOULANT HOLLANDAIS

(HOLLEKROPER)

Décrit par M. P. POLVLIET, *de Rotterdam (Hollande).*

Le pigeon Boulant hollandais (hollekroper) est un pigeon qu'on exige très bas sur pattes, le corps aussi petit que possible, les pattes couvertes de petites plumes blanches, la boule aussi grande que possible et d'une forme parfaitement ronde et la poitrine très large.

Quand à sa taille, il faut le ressembler le plus possible du pigeon Paon écossais et on trouve rarement cette taille tant admirée.

Il doit avoir aussi le tremblement convulsif du pigeon Paon écossais.

Il y en a de deux couleurs, soit blanc et noir, bleu, rouge ou jaune et dans ce cas il est marqué précisément comme le pigeon Boulant anglais.

Il y en aussi des unicolores blancs, jaunes ou rouges ; mais les rouges unicolores sont les plus rares.

En Hollande il n'y a que deux ou trois amateurs en possession du vrai type, par la grande difficulté d'élever le petit, il faut avoir une patience incroyable.

N° 25 — LE PIGEON BOULANT GANTOIS

Décrit par M. J. DE LANDTSHEER, *de Gand (Belgique).*

Le pigeon Boulant gantois est une race très anciennement connue et avant que les amateurs se soient préoccupés à sélectionner les formes et les nuances, ils se servaient de ces pigeons pour les faire voyager. La nuance primitive de cette race était blanche avec des taches bleues ou rouges sur la tête avec la queue de même couleur.

Cette variété était douée d'un incontestable instinct d'orientation et montrait beaucoup de bonne volonté pour revenir à son colombier.

Mais depuis que les amateurs ont travaillé la race pour obtenir des nuances unies ou avec bavette et vols blancs, leur instinct d'orientation a disparu en partie et ils n'oseraient plus les risquer à de pareilles épreuves.

La race primitive a donc fait place à un pigeon agréable à l'œil par la nuance et qui porte à faire croire que le Boulant gantois à quelque analogie avec le Boulant de Poméranie, avec lequel il a été sélectionné.

Les beaux sujets de cette race ne peuvent être ni trop haut ni trop court de pattes, qui doivent être très emplumées, les ailes ne peuvent pas être trop longues, la boule doit être grande et sphérique avec des épaules bien larges, les ailes ne peuvent nullement se croiser.

Il en existe de toutes nuances, soit noir, bleu, rouge, jaune et blanc unicolores ainsi que les noirs, bleus, rouges et jaunes à bavette et vols blancs.

Leur élevage est des plus prolifiques et ils se nourrissent de vesce, blé, maïs, fèves et riz.

N° 26 — LE PIGEON RINGSLAGER

Décrit par M. Jos. Michiels, *de Termonde (Belgique).*

Le pigeon Ringslager est une race de pigeons très anciennement connue en Flandre ; on le rencontre surtout à Alost et à Termonde.

Le pigeon Ringslager est très ardent et très mondain.

Quand il veut faire le beau autour de sa femelle, il se met à tourner en cercle au-dessus d'elle, tout en battant violemment des ailes, à tel point que les barbes des plumes du vol sont usées et qu'il ne reste plus que la tige qui est elle-même aussi bien souvent très abimée.

Un Ringslager ordinaire tournoie en trois cercles et un très bon sujet en fait parfois cinq.

DESCRIPTION DE LA RACE

1° *Couleur*. — Les couleurs fondamentales sont la jaune et la rouge, mais par suite de croisements avec le « Speelder » dont je parlerai à la suite de cette description, on a obtenu des meuniers, des noirs et des bleus. Le Ringslager ne peut jamais être d'une seule couleur. Ils doivent avoir la tête, le cou, les ailes et la poitrine de couleur avec bavette, vols, reins blancs ; la queue doit être blanche chez les jaunes et les rouges et de couleur chez les sujets d'autres nuances.

2° *Bec*. — Blanc rosé pour les jaunes et rouges, foncé chez les autres.

3° *Huppe*. — En forme de coquille, mais ne dépassant pas la largeur de la tête se rattachant gracieusement aux plumes du cou.

4° *Bavette*. — En forme de croissant allant autant que possible près de l'œil.

5° *Œil*. — L'iris de l'œil d'un rouge orange sablé, doit être plus large à sa partie supérieure qu'à l'inférieure ou je le préfère même brouillé ; l'œil doit être vif et inquiet, c'est un signe de pureté de race.

6° *Conformation*. — Bec fin, de longueur moyenne, caroncules petites d'un blanc farineux, tête forte, longue, le front taillé en angle droit, cou de longueur moyenne, fixé à une poitrine large et carrée, ailes franchement attachées, bien portées, sans se croiser ; reins assez étroits, torses d'un rouge vif légèrement emplumés, queue large, port relevé et de grande taille.

Défauts à éviter : bec de couleur pour les jaunes et les rouges, bavette non en forme de croissant, langerette au front, épaulettes, écusson entre les ailes, torses nus, iris d'égale dimension, huppe en pointe.

LE PIGEON « SPEELDER »

Ce pigeon a cela de commun avec le « Ringslager » qu'il tournoie également au-dessus de sa femelle, mais il fait au moins sept cercles.

Il est petit de taille, est généralement noir, bleu, écaillé ou meunier, mais jamais jaune ou rouge. Il a le bec grêle et moyen, de couleur foncée, les caroncules et le cercle des yeux sont d'un blanc farineux, l'œil est de vesce, l'iris orangé et régulier, la tête est forte, longue et terminée par une huppe en pointe, le front est droit. Une crinière à reflets métalliques au-dessus du cou qui est mince ; la poitrine est large, mais plate, les ailes sont bien attachées, les reins normals, les pattes sont d'un rouge vif non emplumées, la queue est large, le port est quasi horizontal.

La couleur est uniforme, sauf à la languette que le « Speelder » porte au front, l'écusson qu'il a entre les ailes, les épaulettes, le vol, les reins et le dessous du ventre ainsi que les cuisses qui sont blancs.

Ce pigeon est devenu extrêmement rare, mais on le trouve cependant encore chez les amateurs dans les environs de Bruxelles et de Vilvorde.

N° 27 — LE PIGEON BOULANT DE SAXE

Décrit par M. ROBERT FONTAINE, *de Marcq-en-Barœul (Nord).*

Le pigeon Boulant de Saxe est de la taille du pigeon Boulant gantois, il se tient moins droit et ses jambes sont moins longues. Celles-ci sont emplumées à la façon des grands Boulants anglais, c'est-à-dire que les plumes entourent simplement la cuisse et la patte et recouvrent les doigts sans dépasser beaucoup les ongles. Les ailes se posent sur la queue sans se croiser. Sa distinction réside surtout dans son plumage. Il a la tête blanche marquée d'une tache de couleur sur le front, comme le pigeon heurté, mais cette tache, au lieu d'être ovale, est ronde et de la grandeur d'une pièce de cinquante centimes.

L'œil est grand et toujours de couleur noire (œil de vesce); la membrane, très mince, est de couleur rosée; le cou, la boule, la partie antérieure de la poitrine, une sellette et la queue colorés, le reste blanc.

Il existe quatre couleurs : la bleue, la noire, la rouge et la jaune.

On en rencontre une variété qui n'est pas heurtée et a les pattes lisses. Elle existe dans les quatre couleurs précédentes.

N° 28 — LE PIGEON BOULANT ALLEMAND A CALOTTE

Décrit par M. JOSEPH LAMBRECHTS, *de Bruxelles.*

Le Boulant allemand à calotte est de forme assez élégante; il est doué de la faculté d'imprimer à sa gave ou boule, une dilatation assez grande, surtout lorsqu'il est inspiré par les sentiments de l'amour.

Sous le rapport de la fécondité, il laisse beaucoup à désirer, et une particularité curieuse, c'est qu'il reproduit beaucoup plus de mâles que de femelles.

Je parle par expérience; ainsi trois couples de même âge m'ont donnés en un an : le premier couple, une femelle et trois mâles; le second couple, une femelle et cinq mâles et le troisième couple, deux femelles et deux mâles.

Le Bouland allemand à calotte est d'un naturel très gai et caractère très familier. Il vit en bon rapport avec les variétés de pigeons plus petites que lui et s'accommode fort bien du régime ordinaire des pigeons communs. Je conseille fortement de ne jamais élever cette variété pendant la saison de la mue.

Les jeunes sont alors toujours d'un tempérament lymphatique, ont les ailes trop longues et ne forment jamais que des oiseaux destinés à une rapide dégénérescence.

Le Boulant allemand à calotte, forme quatre variétés : rouge, noire, jaune ou chamois et bleue unicolore.

J'en ai possédé des bleus avec les ailes striées de noir, mais ayant eu la certitude qu'ils étaient de race abâtardie, je m'en suis défait.

Les bleus doivent être unicolores, sauf la calotte au-dessus de la tête qui doit être d'un blanc immaculé.

Un signe caractéristique de la race est celui-ci : la couleur de la calotte doit être tranchée net avec celle du corps proprement dit, à la hauteur de l'iris de l'œil, et l'oiseau tout à fait irréprochable doit avoir une petite surélévation de plumes de couleur, formant un cercle entre la naissance des morilles et l'œil.

La tête est fine, gracieuse, l'iris noir entouré d'un filet couleur de vesce; autour de l'œil une membrane très étroite de couleur chaire et dégarnie de plumes.

La gorge est ovale, contrastant ainsi avec le Boulant anglais, dont la gorge est sphérique; le dos est large sans paraître voûté; les ailes s'étendent jusqu'à l'extrémité de la queue et ne se croisent pas, les jambes sont courtes, assez fortes, peu écartées l'une de de l'autre, d'un rouge vif ainsi que les tarses, les ongles d'un blanc rosé, le bec est grêle et les morilles sont très peu développées et de teinte rosée.

Les femelles n'ont pas tout à fait la faculté de s'enfler la gave ou boule, comme les mâles. Ceux-ci sont querelleurs entre eux, et il faut éviter d'en laisser dans les parquets un nombre plus considérable que de femelles.

Pour la reproduction, il faut inexorablement rejeter les sujets ayant les grandes plumes des ailes blanches, ou même simplement plus pâles aux extrémités que le fond du plumage; de même ceux ayant des plumes blanches à n'importe quelle partie du corps.

Il faut éliminer également ceux dont la calotte se terminerait par une bavette, comme chez le pigeon Culbutant beard.

Pour éviter que les jeunes, provenant des jaunes ou chamois, soient plus pâles aux extrémités des ailes et sous le corps, je conseille d'accoupler un sujet jaune avec un rouge, afin de maintenir mieux la nuance de cette variété.

N° 29 — LE PIGEON BOULANT PIGMY

D'après M. Lewis Wright, *par* M. Wilhem Rohn, *de Roubaix.*

Ces pigeons ont été présentés pour la première fois par M. John Sebright, amateur bien connu par ses succès si extraordinaires en volailles naines.

Eaton dit de lui, « après son décès, j'assistais à la vente de ses Bantams et pigeons. En regardant ses Boulants pigmy ou nains, il m'était impossible de comprendre, comment il avait pu réussir à réduire le grand Boulant anglais à des dimensions aussi lilliputiennes, tout en lui conservant avec une grande élégance de formes, toutes les qualités de son grand confrère. »

Malheureusement la race a été perdue ensuite et c'est surtout à M. Tegetmeier que revient le mérite de l'avoir fait revivre, ce qu'il fit, croyons-nous, en travaillant les petites races de Boulants allemands. Celles-ci sont nombreuses et belles, mais presque toutes trop basses sur pattes, avec les jambes nues ou grossièrement emplumées et crochues, surtout la variété appelée « Isabelle. » Cette dernière, très belle en couleur, a les ailes « barré blanc » mais se tient mal. Si par des croisements judicieux, il était relativement aisé d'obtenir des pattes correctement plumées, il n'était pas du tout facile de les allonger et d'acquérir ainsi le port droit de l'oiseau, sans parler du plumage orthodoxe, qu'aucun petit Boulant allemand ne possède.

Pourtant toutes ces difficultés ont été vaincues et nous avons pu dans les dernières expositions, admirer des oiseaux qui offraient réellement une ressemblance surprenante avec le grand Boulant anglais, dont ils semblent n'être que des miniatures.

Les Boulants nains ou pigmy anglais sont jugés par les même points que leurs grands congénérés.

Les allemands, au contraire, le sont d'après le charme de leur apparence ou de leur perfection en couleur et marques. Toutes les variétés sont fort rustiques et bons éleveurs. La grande difficulté est de les maintenir petits, car comme les Bantams, ils cherchent toujours à reprendre de la taille.

Ceux donc, qui désirent se livrer à l'élevage de cette intéressante variété, doivent, pour la maintenir petite, croiser le moins possible, et à moins que ce ne soit avec des sujets d'une finesse hors ligne, plutôt accoupler entre parents.

Ce n'est qu'ainsi qu'ils obtiendront les produits « miniature » désirés.

N° 30 — LE PIGEON BOULANT DE BRÜNN

Décrit par M. Robert Fontaine, *de Marcq-en-Barœul (Nord).*

Cette ravissante miniature du Boulant lillois a toujours eu grand succès auprès des amateurs. On ne peut en effet trouver un pigeon plus élégant. Son nom indique qu'il est originaire de Brünn, capitale de la Moravie.

C'est donc un autrichien et non pas un allemand, comme on le classe quelquefois à tort dans des expositions de volailles en Belgique.

Le pigeon Boulant de Brünn se tient très droit, presque vertical ; lorsqu'il marche, il se pose sur la pointe des pieds, c'est un signe de race.

Il a la tête étroite et plate, le front bombé, le bec grêle, l'œil orangé chez les sujets de couleur et noir chez les blancs. La membrane qui entoure l'œil est très petite et de couleur rougeâtre, le dos creux, le cou long et arqué, les épaules très serrées au corps, les ailes assez longues, se croisant par dessus la queue qui est longue et étroite ; les pattes très longues, les cuisses doivent ressortir comme chez le Boulant français d'Amiens, les tarses et les pieds nus et d'un rouge carmin.

La longueur moyenne doit être de trente centimètres ; on en

trouve des plus petits, mais alors ces pigeons n'ont plus de gave ou boule, cependant celle-ci doit être assez développée, la plus ronde possible, tomber d'aplomb et non d'un côté comme on le voit quelquefois.

On en trouve des cinq couleurs fondamentales. Le blanc pur d'un bout à l'autre est le plus commun, parce que la marque est nécessairement toujours correcte ; le bleu barré noir, le rouge, le jaune, les mêmes couleurs avec les ailes barrées de blanc. Il existe aussi les tigrés à vols et queue noirs, et une variété issue de celle-ci qu'on nomme Cigogne. Cette dernière a à la tête, un croissant sur la boule, les vols et la queue colorés, le reste du corps blanc.

L'élevage de ces gentils petits Boulants n'est pas des plus faciles, on veut toujours les produire les plus petits possible, pour cela on a trop souvent recours à la consanguinité, ce qui les rend plus fins, mais leur enlève leur belle forme, qui est la principale qualité à rechercher pour les expositions.

N° 31 — LE PIGEON BOULANT DE POMÉRAMIE

Décrit par M. Robert Fontaine, *de Marcq-en-Barœul (Nord).*

Le pigeon Boulant de Poméramie, ainsi que le précédent, est de race allemande, il a tout-à-fait la forme du Boulant gantois ; il a comme lui les jambes très emplumées, les plumes faisant saillie au coude en forme de manchettes.

Il se tient très droit, est assez haut sur pattes, la queue est plutôt courte. Les ailes sont posées sur la queue et ne croisent pas.

On en trouve de toutes couleurs, bleu barré noir, noir, roux, jaune, uni avec ou sans barres blanches sur les ailes ; les tigrés, les blancs à queue colorée, les colorés à queue blanche, etc.; les plus jolis que j'ai vus étaient à mon goût de couleur café au lait avec barres blanches sur les ailes.

N° 32 — LE PIGEON BAGADAIS DE NUREMBERG

Décrit par M. Fierens De Hert, *d'Anvers.*

Le pigeon Bagadais, dit de Nuremberg, est l'oiseau favori des habitants de cette ville allemande et des environs, et grâce à eux, cette variété nous a été conservée.

C'est là que je l'ai trouvé intact et pur et que j'ai fait choix des sujets pour faire collection par reproduction.

Ils ont tous la couleur pie, fond blanc, dessiné de jaune, de rouge, de bleu ou de noir. Il n'y en a point d'autres.

On les dirait en costume galant, en habit.

La tête, le cou jusqu'à la poitrine et les ailes sont d'un blanc tout pur, sans la moindre tache, comme il convient aux grandes cérémonies. Puis le gilet, largement ouvert, et l'habit bien marqué, bien dessiné, bien porté, en couleur jaune, rouge, bleue ou noire. Le tout uniformément et sans la moindre fausse plume, se terminant à l'extrémité de la queue. N'oublions pas sa moustache, qu'il porte gaillardement. Elle est de même couleur que son costume.

Tout cela est encore rehaussé par une belle et grande taille, une démarche lente, mais un peu lourde.

Il a en outre pour caractère, ou plutôt pour signe distinctif un bec grand, gros et crochu, pourvu de petites caroncules rouges. Surtout ce bec crochu le distingue de tous les autres pigeons.

La tête est grande et bien ronde, attachée au tronc par un cou en rapport avec sa tête, par conséquent long. Les yeux assez vifs, sont pourvus de morilles petites et rouges.

Les caroncules et les morilles petites et rouges le distingue surtout du Carrier, qui les a aussi grands et aussi rouges que possible.

Par croisements des Bagadais de Nuremberg et des Bagadais français, je crois que l'on trouverait à la fin un sujet, après de longues années, qui ressemblerait infiniment au Carrier.

Le Bagadais de Nuremberg est très difficile à faire connaissance avec d'autres pigeons.

Pour la reproduction, recherchez surtout les sujets les plus purs et les plus beaux par la forme et la couleur, si vous voulez avoir de beaux jeunes. Avec des sujets de la deuxième et de la troisième classe, on ne récolte pas de sujets de première classe.

Au commencement, ces pigeons se reproduisent facilement, mais à la fin, les plumes s'affaiblissent et le sang devient plus pauvre.

Conséquences naturelles des accouplements mal compris, ou combinés des sujets de même famille.

Il est comme le citadin, il se meurt, s'il n'est pas vivifié par le sang le plus sain et le plus abondant des ruraux.

N° 33 — LE PIGEON BAGADAIS FRANÇAIS

Décrit par M. F. Couchot, *de La Rochebordeaux (Maine-et-Loire).*

Le pigeon Bagadais français comprend deux variétés, savoir : le grand Bagadais et le petit Bagadais.

1° Le grand Bagadais, qui est le type véritable de cette race, de grande et forte taille, à la tête large et grosse, le cou mince et allongé, le bec démesurément long, gros et légèrement crochu, de larges morilles rouges autour des yeux, se développant davantage à mesure que l'oiseau prend de l'âge, de légères caroncules nasales, cendrées, s'avançant jusqu'à l'extrémité des narines, les tarses hauts, rouges et nus ; les ailes et la queue très courtes, la démarche lente, tenant un peu de celle de l'oie vulgaire, le vol lourd et difficile.

Pour que les pigeons Bagadais soient de belle race il faut, et il est nécessaire, que les pattes allongées en arrière, se terminent exactement au même point que les ailes allongées de la même façon.

2° Le petit Bagadais, variété plus élégante et aussi fort originale de cette race. n'est qu'une charmante miniature de la grande espèce, dont il a tous les caractères et toutes les formes.

La plupart du temps les grands Bagadais sont mouchetés de blanc et de rouge (ce sont les plus communs) ou de blanc et de jaune, de blanc et de noir ; il y en a aussi de teinte unie, mais ils sont beaucoup plus rares.

Les petits Bagadais nous offrent les variétés : bleue, fauve, noire et blanche. Je pense qu'il en existe aussi de rouges et de chamois, mais il y en a aussi de mouchetés dans les diverses nuances ainsi que les grands Bagadais.

D'un caractère très sauvage, ce pigeon ne se laisse pas facilement approcher ; cependant il ne s'éloigne jamais de son habitation ; le peu d'envergure de ses ailes le rend d'ailleurs inapte à de grandes volées.

Il fécond et couve bien, mais il a le défaut d'être très maladroit et de briser souvent ses œufs. Le moindre bruit le fait tressaillir ; il cherche à fuir dès qu'il entend quelqu'un approcher de sa demeure, et dans sa précipitation, il pose ses lourdes pattes dans son nid, écrasant œufs et petits.

Il importe donc de l'installer à l'abri du bruit dans un endroit retiré et de s'abstenir d'aller visiter son nid.

Les Bagadais ont donné quelques sous-races, toutes très rares aujourd'hui ; ce sont :

1° Le Bagadais à grandes morilles, produit de son alliance avec le pigeon Carrier.

2° Le Bagadais Mondain, fruit de son union avec le gros Mondain.

3° Le Bagadais coupé, métis d'un Bagadais et d'un Romain.

4° Le Bagadais Biset de Rouen, sous-variété de la petite race et que les éleveurs de Rouen et des environs ont facilement obtenus, en alliant un petit Bagadais avec un pigeon Biset.

N° 34 — LE PIGEON CRAVATÉ DE TUNIS

Décrit par M. GUSTAVE MICHIELS, *d'Anvers (Belgique).*

Il serait oiseux de se livrer à des recherches pour établir le pays de provenance de cette espèce de pigeons.

Un nuage épais semble aussi cacher leur ascendance.

D'aucun pensent que la race est d'origine asiatique et qu'elle fut de là dispersée ailleurs ; d'autres, et c'est la majorité, qu'elle est originaire des côtes d'Afrique.

Quoi qu'il en soit, il est un fait que depuis plusieurs années en Belgique, en France et en Hollande, on nomme ce charmant petit pigeon : Cravaté de Tunis ; chez les Anglais, il est connu sous le nom de « African ou Foreign owl » et chez les Allemands sous celui de » Egyptisch Möochen ».

Les premiers pigeons de cette race furent importés, paraît-il, à Anvers, il y a quelques dizaines d'années, par M. Jacques Vekemans, ancien directeur du jardin zoologique de cette ville, qui était un excellent connaisseur de ces pigeons ; il fit en 1859 un voyage en Egypte. Aussitôt qu'ils furent connus à Anvers quelques négociants appartenant à l'élite du commerce anversois se disputèrent vivement entre eux la possession de ces charmants volatiles, à des prix fort élevés.

Depuis leur importation, ces pigeons n'ont cessé de trouver en Belgique d'ardents amateurs ; leurs formes gracieuses et mignonnes et surtout leur grande familiarité leur ont valu la dénomination de « Pigeons de Dames » ; de nos jours même, il y a des dames qui s'adonnent avec prédilection aux bons soins que réclame l'élevage de ce pigeon, si délicat et si charmant.

CARACTÈRES PARTICULIERS DU TYPE

Le pigeon Cravaté de Tunis doit être aussi petit que possible, c'est-à-dire avoir le corps court, ramassé, plus il est large en avant et plus il est court et étroit par derrière, plus l'aspect en est meilleur. Le corps est merveilleusement bien posé sur des cuisses courtes, des jambes courtes et des doigts du pied également courts, lui donnant l'air assez basset, les jambes sont en partie cachées dans les plumes de la cuisse ; le dos doit être droit et court, il doit paraître même plus court qu'il ne l'est réellement, à cause de la largeur du cou aux articulations des ailes et de la forme repoussée de celui-ci.

La poitrine est large et très proéminente. Les appendices ou pommeaux de l'aile sont cachés sous les plumes de la poitrine. Les ailes sont relativement courtes et relevées, très serrées au corps ; elles atteignent à peu près le bout de la queue, qui est courte et étroite et sur laquelle reposent sans se croiser les bouts des grandes plumes du vol. Tout en ce pigeon est court, excepté son jabot qui ne peut jamais être trop long.

Le pigeon de Tunis se distingue entre toutes les races de pigeons par ses formes ravissantes. Les marques principales et caractéristiques du type consistent dans la belle forme sphérique de la tête, le bec court et crochu, la rondeur du cou, l'ampleur du lobe et la régularité de la cravate.

Tête. — Aussi large que longue, ronde, ni trop grande ni trop petite, bonne symétrie entre la tête et le corps, l'œil devra occuper à peu près le point central ; le front sera large, haut et courbé ; la tête est portée en arrière.

Il arrive fréquemment que l'os occipital présente une légère éminence, si celle-ci est trop visible le sujet doit être disqualifié.

Bec. — Il doit former à partir des caroncules nasales le quart d'un cercle, dont le diamètre est 0^m006 ; il ne peut être jamais trop court, ni trop large, ni trop incliné ; la courbure du bec s'étendra jusqu'à sa pointe où l'inclination sera encore plus accentuée.

Le bec doit se trouver le plus près du front et former avec celui-ci une ligne courbe en bas.

L'espace entre le bec et l'œil doit être aussi court que possible. Entre le bec et le front, il ne peut y avoir la moindre cavité ou partie basse.

La mandibule supérieure ne peut dépasser la mandibule inférieure en forme de crochet, comme chez le perroquet, mais, au contraire, elle sera relativement large à sa pointe et nettement arrondie avec la mandibule supérieure.

Cou. — Court, plein, arqué ; dans sa partie élevée les deux côtés sont légèrement aplanis, de manière à rendre la rondeur de la tête parfaitement apparente.

Lobe. — (En anglais « gullet » et en allemand « wamme kehlsack »). Partie arrondie, pleine et saillante au-dessous du bec, sans rigoles, de cette façon, le lobe contribue beaucoup au raccourcissement de la tête et du bec.

Cravate. — Elle s'allonge en forme de col, pointu en arrière et s'étend au dessous du lobe, en ligne droite, en jabot le plus bas possible de la poitrine ; elle se compose de quelques rangées de plumes redressées et frisées, affectant différentes dispositions, tantôt les plumes se trouvent entrelacées, tantôt elles prennent l'apparence d'une rose épanouie ; les plumes de la cravate se voient dans quelques sujets, admirablement écartées du centre.

Tels sont les principaux caractères de formes qui distinguent cette race de pigeons.

L'œil est perlé ou jaune orangé, excepté dans la variété blanche où il est brun foncé. Il est très ouvert, plein et très saillant et entouré d'une membrane nue, pâle et unie. Le cercle de l'œil ne sera cependant pas trop grand, ni verruqueux ; certains sujets, à partir de deux ans, ont parfois la membrane rugueuse, surtout dans la variété blanche.

Les caroncules nasales seront unies, pleines et gonflées et plus elles s'étendent transversalement vers l'os frontal, plus elles contribuent à la convexité de la tête. Les caroncules nasales demandent deux ou trois ans pour atteindre leur plein développement.

Il paraît que les couleurs primitives sont : le blanc, le noir et le bleu barré ; en dehors de celles-ci, il y a à présent, le blanc à queue bleue et à queue noire, le roux, le roux écaillé, le bleu écaillé, le bleu foncé, le meunier ou gris perle barré roux et l'argenté.

La variété la plus jolie et la plus tranchée est la bleue pâle barrée noire, parce que c'est chez elle que la beauté du plumage est la plus apparente.

La tête est d'une teinte plus faible, on dirait du bleu ombré de gaze blanche, ayant beaucoup de ressemblance avec la rosée de la prairie.

Cette belle couleur est rendue plus vive encore, par la double barre noire des ailes et par les reflets métalliques argentins et nacrés des plumes soyeuses du jabot, du cou et de la poitrine qui, dans certaines positions, présentent des tons mêlés de vert et de pourpre.

L'élevage de ces pigeons exige des soins assidus, ils sont très délicats, surtout les plus beaux. Les vieux comme les jeunes sont sensibles à tous les mauvais temps et longs à se rétablir de la mue, aussi leur productivité est en proportion des intempéries ; il est cependant à remarquer que ces pigeons supportent parfaitement bien les plus fortes gelées. L'élevage des jeunes doit être surveillé pendant les deux premiers mois et exige une bonne nourriture variée, distribuée souvent et en quantité suffisante. Il en résulte que le climat et la nourriture ont une grande influence sur la bonne réussite des couvées.

Les beaux types sont *extrêmement rares* dans cette race, plus rares peut-être que dans toute autre et une fois que les sujets s'écartent des bonnes qualités de leurs aïeux, il est difficile de les y ramener, à moins de pouvoir se procurer de beaux types et de bons reproducteurs.

Ce ne sont pas seulement le climat et la nourriture qui jouent un grand rôle dans l'élevage des Tunisiens, mais encore la loi naturelle qui, dans sa lutte incessante pour la conservation de son type primitif, veut reprendre ses droits sur toute race créée par l'homme.

Il importe que l'éleveur ait bien dans l'esprit les effets et les causes de ses efforts pour que de l'ensemble, il tire des conclusions pratiques et logiques. — Ce ne sont pas les pierres qui font le temple, c'est la pensée.

Ainsi les expériences seules de l'éleveur, lui donneront la mesure propre à atteindre la réalisation de son idéal ; d'une sage combinaison des défauts avec de bonnes qualités, il doit savoir façonner l'objet de son génie créateur.

N° 35 — LE PIGEON CRAVATÉ DE TUNIS

Décrit par M. Léopold Boucherle, *de Tunis (Tunisie).*

Le pigeon Cravaté de Tunis est le plus petit des pigeons connus ; il est familier et la race est féconde.

Il a le corps court, les formes arrondies et gracieuses.

La tête est ronde, les yeux sont perlés et entourés d'une membrane nue, le bec est très court et crochu, les caroncules nasales sont développées et disposées transversalement.

La poitrine est large, proéminente et est ornée de plumes redressées, qu'on nomme jabot.

Les épaules sont cachées sous les plumes de la poitrine, les ailes assez longues, s'étendent jusqu'aux trois quarts de la queue, qui est courte.

Les jambes sont courtes et suivies de tarses également courts et rouges.

Ils sont sédentaires, quoiqu'ils sachent soutenir leur vol longtemps et leur familiarité respire la sociabilité.

N° 36 — LE PIGEON CRAVATÉ CHINOIS

Décrit par M. P. Polvliet, *de Rotterdam (Hollande).*

Le pigeon Cravaté Chinois est de la grandeur d'un pigeon Cravaté ordinaire et si on peut l'élever plus petit que ce dernier, on aura un grand avantage.

Ce pigeon possède sous la poitrine une rosette, dont les petites plumes doivent être placées de façon qu'on puisse voir une ligne de chair ; puis un jabot doublé de petites plumes, qui remonte vers la tête et sous le bec, se divise des deux côtés de la tête et va jusqu'aux yeux.

Ce pigeon est bien joli, quoiqu'il ne soit pas de grande valeur, à cause des formes imparfaites dans lesquelles on le rencontre presque toujours.

En Allemagne il y en a à profusion dans les expositions. Le blanc, bleu ou noir est presque toujours le plus beau, mais on en trouve de toutes les couleurs.

Je n'ai rencontré qu'un seul couple magnifique en Angleterre, qui était parfait sous tous les rapports, ayant la tête et le bec comme les beaux Cravatés Anglais et on en exigeait 600 francs.

N° 37 — LE PIGEON CRAVATÉ ANGLAIS

Décrit par M. Robert Fontaine, *de Marcq-en-Barœul (Nord).*

Ce pigeon plus petit que le Voyageur est assez court dans son ensemble. Il a la tête forte et convexe vue de profil. L'œil est grand et entouré d'un filet de chair de couleur jaunâtre.

Cet œil est perlé chez les sujets de couleur argentée, noir chez les blancs et rouge, orangé chez les autres couleurs.

Le bec, crochu est excessivement gros et court ; les caroncules nasales sont assez prononcées et plus larges que longues.

Les Anglais qui poussent tout à l'exagération, lui ont raccourci le bec à un tel point que la tête de ce charmant pigeon est devenue presque une monstruosité.

Le cou gros et court, possède en avant de sa partie supérieure, une petite membrane pendante, recouverte de petites plumes et reliant la gorge avec le cou. C'est une espèce de fanon unique que les Anglais appellent gullet. A partir de cette gorgerette jusqu'à la base du cou apparaissent deux rangées de plumes se retroussant en sens contraire qui forment jabot : c'est la cravate.

La poitrine est bombée et large. Les ailes sont assez courtes et les épaules bien serrées au corps. La queue courte et étroite. Les jambes courtes, le canon de la patte et les doigts nus.

On rencontre des Cravatés de toutes couleurs, mais les plus estimés sont les bleus poudrés et les argentés poudrés.

Le bleu et le bleu poudré doivent avoir le bec noir, les autres le bec de couleur jaunâtre.

L'élevage de ces pigeons est assez difficile, parce que les jeunes ont de la difficulté à prendre la nourriture dans la bouche des parents et ce à cause du bec si court.

Il n'est pas rare de voir aux expositions des sujets ayant le bec raccourci par les ciseaux ou la lime, afin de leur donner plus de valeur.

Les principales qualités de ce pigeon résident dans la tête et la cravate. Les défauts fréquents sont le bec assez long, le dessus de la tête plat, les ailes et la queue longues.

N° 38 — LE PIGEON CRAVATÉ A MANTEAU

Décrit par M. Jules Wagener, *de Bruxelles.*

Le pigeon Cravaté à Manteau est un des types de pigeon le plus joli et le plus gracieux. Il a l'avantage d'être plus rustique et plus prolifique que ses congénères, les Cravatés Orientaux.

Comme *forme* il tient le milieu entre le Cravaté Anglais et le Tunisien.

Le *corps* doit être entièrement blanc, sans aucune autre nuance ; on exige que les dix rémiges soient également blanches, mais les sujets de ce type sont très rares et l'on admet ceux qui n'ont que 9, 8, voire même 7 rémiges immaculées.

Le *manteau* doit être d'une couleur bien tranchée, soit uni, soit maillé ou encore (ce qui est un mérite de plus) de couleur unie avec barres blanches ou même noires.

La *tête* doit être bien ronde, courte et bien portée.

Le *bec* large, court et de couleur pâle à morilles assez fortes et blanches.

La *poitrine* large, bombée et bien cravatée.

L'*œil* large avec un simple bord blanc.

Les *tarses* nus et d'une belle couleur rouge vif.

Quelques sujets portent une huppe pointue à l'arrière de la tête, ce sont les plus recherchés, surtout si cette huppe est bien placée comme chez les pigeons orientaux.

Par suite d'une sélection rigoureuse l'on est arrivé à fixer ce dernier type que l'on a classé sous le nom de Cravaté huppé. Il serait plus juste de le dénommer *Cravaté variété huppée.*

Quoi qu'il en soit, dans les deux types, le jabot doit être bien fourni, à plumes s'ouvrant de chaque côté de la raie médiane, et s'é-largissant en rosette vers le bas de la poitrine.

On rencontre aussi des sujets portant une coquille comme huppe, mais ils sont moins recherchés.

N° 39 — LE PIGEON CRAVATÉ DU LEVANT

Décrit par M. R. De Boeve.

Le pigeon Cravaté du Levant est à mon avis, issu des divers croisements du pigeon Tunisien et est très répandu en France.

Il m'a été donné plusieurs fois d'en voir dans les expositions de Paris, dont les sujets avaient le plumage tout blanc, à l'exception de la queue qui était ou noir, ou rouge, ou bleu, ou jaune.

Cette race qui a les mêmes formes, un peu plus volumineuses, que le pigeon Tunisien, a été obtenue avec le Cravaté Allemand blanc à queue noire, rouge, bleue ou chamois.

Elle a la tête convexe, le bec court et vouté, bien jaboté, les formes du corps très ramassées, les tarses courts, nus et rouge vif.

Ce charmant petit pigeon a le vol léger, les allures gracieuses et vives, le caractère très gai, soigne bien sa progéniture et ne demande aucune alimentation particulière.

N° 40 — LE PIGEON SATINETTE

D'après M. Lewis Wright, *par* M. Wilhem Rohn, *de Roubaix.*

Les Satinettes avec une foule de sous-variétés ne sont que le produit d'un développement artificiel de la famille des Cravatés et Turbitéens qui nous viennent de l'Asie-Mineure.

Ils ont, en commun avec ces derniers, les pattes emplumées, si admirés des amateurs de l'Orient. Le type de leur tête est bien plus celui du Tunisien que du Turbit, mais beaucoup sont huppés. La cravate doit être aussi développée que possible, et les bonnes qualités des variétés précédentes sont aussi celle des Satinettes qui y ajoutent encore les couleurs fort vives et les marques très variées qui leur sont propres.

Pendant longtemps on ne comprenait pas grand chose dans ces marques et, comme généralement ces gracieux oiseaux ne produisent que des jeunes qui ne ressemblent guère à leurs parents, beaucoup d'amateurs n'attachaient plus aucune valeur aux marques et dessins ; une autorité bien connue allait même jusqu'à soutenir que les Satinettes n'étaient que des espèces de Turbits accidentellement marqués et bariolés. On a eu tort d'oublier que dans presque toutes les races de pigeons, les couleurs sont sujettes à varier considérablement, les noirs produisant des rouges et des jaunes. La raison de la grande variété des produits d'une même paire de Satinettes, tient à ce que leurs couleurs et marques n'ont été produits qu'à force de mélanger toujours et soigneusement trois couleurs bien différentes, dans le but de créer des sujets tricolores.

Les Anglais ont fait exactement de même pour leur « almond tumbler » ; la seule différence est que les amateurs Orientaux et Allemands ont réussi à obtenir des dessins d'une beauté et régularité étonnante, tandis que le « tumbler anglais » n'offre ses trois couleurs que par des taches irrégulières.

Très naturellement, il se forme constamment des nouvelles sous-variétés, plus ou moins parfaites, mais qui peuvent presque toujours être utilement employées par un éleveur intelligent, soit pour modifier ou renforcer un dessin déjà existant, soit pour en produire de nouveaux.

La robe des Satinettes est formée de brun-rouge, de noir et de blanc ; souvent même du bleu est ajouté en plus ou moins grande quantité.

La plus grande partie du corps est toujours comme dans le Turbit, d'un blanc pur.

Le manteau, avec fond brun-rouge est délicatement nuancé de blanc et marqué de noir, quelquefois sous forme de tête de flèche, quelquefois traçant seulement un lacet sur le bord des plumes, comme chez les Bantams.

N° 41 — LE PIGEON BLONDINETTE

D'après M. Lewis Wright, *par* M. Wilhem Rohn, *de Roubaix.*

Les Blondinettes furent produits vers l'année 1850, comme le dit M. Caridia, en croisant des Cravatés argentés et bleus, avec des Satinettes, — comme dans les Satinettes, il y en a des huppés et à tête lisse.

La différence entre cette variété et les Satinettes consiste surtout dans la couleur qui s'étend au corps entier, comme chez les Tunisiens, tandis que les Satinettes ont le corps blanc, comme leurs parents, les Turbits.

Les Blondinettes offrent toutes les variétés de couleurs des Satinettes, car il y en a des bleus et des argentés à barres tricolores, comme les bleuettes et les silverettes, d'autres avec toutes les marques des vrais Satinettes, et il existe une charmante variété appelée « blacks » (noirs), qui a simplement les plumes bordées de noir sur un fond d'un blanc aussi pur que possible.

La race doit avoir des pieds emplumés, de bonnes cravates, la tête bien ronde et surtout les taches blanches bien apparentes, au bout des pennes des ailes et de la queue.

Les Blondinettes pour conserver leur beauté et leur qualité, doivent être élevés comme les Satinettes, en accouplant constamment les oiseaux fortement marqués, à d'autres qui ne le sont que légèrement, et en introduisant toujours la couleur qui fait défaut. On peut faire une exception pour les oiseaux simplement bordés ou à deux couleurs, qui peuvent être beaucoup perfectionnés en les accouplant ensemble.

L'apparence des jeunes de toutes ces variétés étant fort peu promettantes avant la mue, il ne faut pas les rejeter à cause de l'uniformité de leur plumage.

Il y en a pourtant aussi qui sont variés dès le nid et en accouplant les meilleurs de ceux-là ensemble, on en a obtenu dont les marques montaient jusqu'au cou.

Ordinairement la tache blanche de la queue n'apparaît pas avant la mue. Chez les Blondinettes, cette tache en s'élargissant devient une vraie barre, mais qui, quelquefois, ne se montre jamais ; si pourtant le sujet est bon pour le reste, c'est-à-dire la tête et la cravate, il ne faut pas le rejeter, car il peut être excellent pour croiser avec un autre pigeon trop pâle ou trop effacé de couleur.

N° 42 — LE PIGEON TURBITÉEN

D'après M. Lewis Wright, *par* M. Wilhem Rohn, *de Roubaix.*

Pour les marques générales, un Turbitéen est un Turbit, c'est-à-dire un pigeon cravaté blanc à manteau coloré et toujours d'une nuance fort vive.

Mais en dehors des points et marques ordinaires, il possède

encore celles de la face, sur lesquelles on est pas encore absolument
fixé jusqu'à présent ; les éleveurs de l'Orient, n'ayant d'autre but
que de marquer la tête de taches bien apparentes et à contours nettement tracés. Peu à peu, on a néanmoins obtenu quelques régularités ;
les efforts des amateurs ayant été surtout dirigés à fixer une grande
tache sur le front et deux autres sur les joues, disposées aussi régulièrement que possible, et sans plumes éparpillées qui brouillent et
effacent les contours.

La tête du Turbitéen, pour ce qui regarde sa courbe et rondeur,
est plutôt celle du Tunisien que du Turbit.

Les pieds sont couverts de courtes et fines plumes comme ceux
de la poule nègre. La cravate est exigée aussi fournie que possible.
Il y a des Turbitéens à tête lisse, d'autres ont la huppe bien en pointe
du Turbit.

Comme leur tête et leurs couleurs ne laissent absolument rien à
désirer, ils ont été beaucoup utilisés pour améliorer ces points dans
les turbits défectueux sous ces rapports.

Lorsque les Turbitéens sont bien largement marqués en tête, ils
ont généralement les yeux rouges ou oranges et le bec foncé. Mais
avec des taches faibles ou réduites, la couleur des yeux varie beaucoup et le bec devient aussi plus clair.

Ils nourrissent en général fort bien, et se montrent gais et robustes
lorsqu'ils volent en liberté dans leur pays d'origine. Mais il est fort
à craindre qu'après avoir été, de générations en générations, élevés
et enfermés dans des volières, ils ne deviennent aussi fragiles et
aussi délicats que les Turbits et les autres petits Cravatés.

Les amateurs de l'Orient préfèrent toujours les oiseaux les plus
grands.

Malheureusement, nous ne partageons pas cette préférence, sans
cela leur élevage deviendrait certes plus facile, puisque nous voyons
que les grands Cravatés Anglais produisent et nourrissent parfaitement, tandis que les Tunisiens et les petits Turbits exigent énormément de soins et ne donnent, malgré cela, que peu de produits.

N° 43 — OBSERVATIONS SUR LES DIVERS CROISEMENTS DES PIGEONS BLONDINETTES

Par M. JULES WILLEMS, *de Gand (Belgique).*

1° *Blondinettes satins.* — Cette variété produit souvent des jeunes ayant le manteau de l'aile très bien marqué, mais dont les plumes de la queue n'ont pas la barre blanche et dont les grandes pennes des ailes, sont marquées comme celles d'un pigeon bleu ordinaire. Je suis parvenu à obvier à ce grand défaut en croisant d'abord les Blondinettes satins avec de belles Négresses étincélées (liserées) et en croisant de nouveau les produits obtenus avec des Blondinettes satins pures.

Les jeunes du premier croisement ont souvent la queue brouillée, parce que les Négresses étincelées ont la queue blanche finement liserée de noir, mais le second croisement corrige ce défaut et la marque de la queue est presque toujours parfaite. — Les produits du second croisement ont encore une grande qualité : les jeunes sont presque toujours correctement marqués dès la première année ; tandis qu'il faut presque toujours deux ans aux Blondinettes ordinaires avant d'avoir les marques régulières.

Il est assez facile de reconnaître si les jeunes deviendront de beaux sujets : ceux qui ont les grandes pennes de l'aile panachée de blanc à la naissance et les plumes de la queue légèrement marquées de blanc près de l'extrémité, deviendront de bons sujets. Toutefois presque tous les bons jeunes ont la plume du milieu de la queue complétement dépourvue de marque blanche, mais à la première mue, cette plume est remplacée par une autre à barre blanche. Quand au manteau de l'aile, chez les jeunes de race pure, il doit être toujours bien marqué ; à la première mue les marques deviennent plus pâles et plus régulières.

Les jeunes dont les grandes pennes de l'aile et la queue sont complètement dépourvues de taches blanches, ne deviendront jamais des sujets de concours. Ils sont bons pour la reproduction ou pour la cuisine.

Les Blondinettes satins adultes ont souvent les deux ou trois premières et les deux dernières grandes pennes des ailes dépourvues de marques blanches, c'est un défaut peu apparent qu'ont peut corriger assez facilement par les croisements, mais un sujet ayant une ou plusieurs grandes pennes des ailes ou de la queue entièrement blanche, doit être éliminé impitoyablement de la reproduction.

2° *Les Négresses étincelées ou liserées.* — Je ne parlerai des Négresses ordinaires qu'au point de vue des croisements. Les Négresses étincelées ou liserées importées étant excessivement rares, il a fallu chercher le moyen de les obtenir par croisement.

Le croisement d'un Blondinette satin choisi, ayant le manteau de l'aile aussi pâle que possible, avec une femelle Blondinette Négresse ordinaire peut donner dès la première génération, des Négresses lisérées ; mais ces sujets auront bien souvent le défaut d'avoir le cou marqué de blanc et même des taches blanches sur la tête. J'ai obtenu des sujets de toute beauté en croisant les produits des Blondinettes satins et des Négresses ordinaires avec une Blondinette bleue.

Les jeunes Négresses liserées doivent avoir *toutes* les grandes pennes des ailes et de la queue blanches largement marquées de noir à l'extrémité ; plus il y a de plumes blanches liserées de noir dans le manteau de l'aile, plus les sujets deviendront bien marqués ; toutefois les Négresses ne sont bien finement liserées que la troisième année. Les jeunes ayant des plumes complètement blanches dans la queue et les grandes pennes des ailes, doivent être éliminées.

3° *Les Blondinettes bleues.* — Les croisements de cette variété avec les Cravatés Anglais, produisent des sujets d'un bleu splendide ; mais il est important de choisir un Blondinette ayant les barres du manteau de l'aile franchement liserées de rouge (ce qui est actuellement assez difficile à trouver.) Au troisième croisement, les produits sont d'un beau bleu et bien barrés sur les ailes, grandes pennes des ailes et queue correctes ; mais les barres blanches de l'aile ne sont généralement barrées de rouge qu'au quatrième croisement.

Il est bien entendu que les différents croisements mentionnés ci-dessus doivent se faire avec des sujets de race parfaitement pure et autant que possible importés, par exemple les produits du croisement des Blondinettes bleues et des Cravatés Anglais, utilisés pour le croisement des Négresses ne donneraient plus que probablement que des mécomptes.

N° 44 — LE PIGEON DOMINO

D'après M. James C. Lyell, *par* M. Wilhem Rohn, *de Roubaix.*

Ce gracieux pigeon porte une huppe bien pointue, les pattes nues, la queue et le manteau colorés.

De plus il a la tête marquée comme les Nonnettes ; la couleur de la tête s'étend à la huppe en descendant assez bas sur la poitrine pour former bavette. Je n'ai jamais vu qu'un seul beau spécimen de cette belle et rare variété, et je crois que c'est l'unique oiseau parfait de race pure qui a été vu en Angleterre.

Il avait été importé par M. Caridia, de Birmingham, et fut exposé avec grand succès par M. Yardley de cette même ville. C'est un sujet bleu avec les barres noires ordinaires sur les ailes et la queue.

Dans une lettre qui fut publiée en 1879, M. Caridia disait : « Que les Dominos, maintenant fort rares, sont de toutes nuances ; on en trouve des noirs, des bleus argentés avec barres, des chamois sans barres et d'autres bigarrés de différentes nuances.

« Il en existe une très belle variété sans huppe, et moi-même, j'en ai eu en ma possession, à Smyrne, qui étaient la perfection même. »

L'oiseau que j'ai vu et dont je parle, avait toutes les qualités d'un Tunisien un peu grand, et il était tellement irréprochable comme couleur et marques, que j'ose bien affirmer que si de pareils oiseaux étaient importés, ils captiveraient les amateurs plus que tous les autres pigeons Cravatés de l'Orient.

Maintenant ils paraissent à peu près perdus : ce qui ne parle pas beaucoup en faveur des amateurs qui en ont possédé ; car jamais je n'ai vu de pigeon plus élégant et de race plus distinguée que ce pigeon Domino bleu, si souvent exposé avec succès.

N° 45 — LE PIGEON VIZOR

D'après M. Lewis Wright, *par* M. Wilhem Rohn, *de Roubaix.*

Le pigeon Vizor est une variété nouvelle dernièrement introduite, des pigeons Cravatés à court bec, qui a été comme eux importé d'Asie.

Ludlow affirme qu'il est le produit de croisements entre Domino, Satinette et Blondinette ; mais il me semble guère probable que les Blondinettes aient pu servir utilement à une pareille combinaison.

Le pigeon Vizor bleu a la tête et la huppe d'un beau bleu foncé ; cette couleur descend jusqu'à la gorge et le lobe est bien développé.

Le manteau est bleu, comme chez le Cravaté à manteau Anglais, avec des barres blanches bordées de noir et un soupçon de roux entre le noir et le blanc, ce qui est exactement la marque distinctive des Bleuettes.

Le dos est blanc, la queue se fondant dans le noir vers le bout, où sur chaque plume se trouve une tache blanche bien ronde.

Tout le reste du plumage doit être d'un blanc parfait.

Les Argentés offrent les mêmes dispositions de couleurs, sauf la nuance plus claire.

Les Noirs ont le manteau uni comme les Cravatés à manteau Anglais, et la tache blanche des plumes de la queue est fort difficile à obtenir.

D'ailleurs, on dit que les Vizors ne reproduisent que bien rarement conforme aux parents.

Nº 46 — LE PIGEON TAMBOUR DE BOUKHARIE

Décrit par M. R. Van Alphen, d'Anvers (Belgique).

DESCRIPTION

Tête : Fine et longue.

Bec : Noir, excepté chez les sujets blancs où il est de couleur chair.

Rosace : Ronde et aussi grande que possible ; recouvrant entièrement le bec et les yeux.

Huppe : Large, égale, bien placée, ni trop bas, ni trop haut pour ne pas se mêler avec la rosace, tournant bien vers l'œil.

Œil : Perlé, excepté chez les sujets blancs, chez lesquels il est noir.

Pattes : Courtes et recouvertes entièrement de plumes aussi longues que possible.

Taille : Aussi grande que possible.

Couleurs : Les principales sont : blanc, noir Mottled (couleur uniforme avec tête et épaules mouchetées de blanc). Différents sujets sont papillotés et argentés.

ÉLEVAGE

Ces pigeons exigent des soins tout particuliers. Il leur faut un colombier spacieux dont le sol doit être recouvert d'une couche de sable fin ou de sciure de bois, d'une épaisseur de dix centimètres. Ils doivent être nourris dans des bacs spéciaux étant dans l'impossibilité de trouver leur nourriture, quand celle-ci se trouve éparpillée à terre. La meilleure époque pour l'accouplement est le commencement du mois de mars et à ce moment, il faut leur couper la rosace et les plumes des pattes, car sinon, d'abord, ils s'accouplent plus difficilement, étant presque dans l'impossibilité de se voir, ils ne donneraient que des œufs infécondés et ensuite à cause de leurs pattes emplumées, ils détruiraient inévitablement ces derniers en les jetant hors du nid. De plus en agissant ainsi les sujets sont beaucoup plus vifs et plus sains. Bien qu'il soit préférable de confier leurs œufs à d'autres pigeons, on peut à défaut de ceux-ci, les leur laisser de temps en temps et ils élèvent ordinairement bien leurs pigeonneaux.

N° 47 — LE PIGEON TAMBOUR DE DRESDE

Décrit par M. R. DE BOEVE.

Le pigeon Tambour de Dresde a beaucoup d'analogie avec le pigeon Russe, dont il ne diffère que par une rosace de plumes qu'il porte sur le front et qui retombe sur le bec.

Je ne suis nullement d'accord avec d'autres auteurs, pour ce qui concerne le recoulement bizarre de ce pigeon et je puis affirmer, avoir possédé de très beaux Tambours de Dresde, pure de race, ayant dans leur roucoulement, les sons saccadés, rappelant ceux du Tambour, qui leur ont valus leur nom. Ces sons saccadés étaient toutefois plus faibles que chez le Tambour de Boukharie.

Le pigeon Tambour de Dresde a la taille et les formes du pigeon saxon ou autres races allemandes.

Il a le bec grêle, l'œil de vesce ou rouge orangé, suivant sa variété, sans filet, la tête grosse et toujours coquillée, les tarses bien emplumés dans toutes ses variétés.

Le caractère distinctif de la race est, que la rosace de plumes recouvrant le bas de la tête et du bec, soit bien fournie, sans intervalle, bien ronde et posée bien au milieu du bas de la tête ; de plus que les plumes des pattes soient très longues.

Il y a dans les Tambours de Dresde, une foule de variétés :

On trouve d'abord les unicolores blancs, noirs, rouges, jaunes et bleus. On rencontre aussi des sujets unicolores barrés blancs.

Viennent ensuite les variétés papillotées blanc et noir, ou blanc et rouge, ou blanc et jaune, ou blanc et bleue ; cette dernière est la plus rare et la plus recherchée.

Les produits de ces variétés sont presque unicolores à leur plumage de nid et le plumage papilloté ne se dessine primitivement qu'à leur première mue et se complète à leurs mues successives jusqu'à la 3ᵉ et 4ᵉ mue, comme chez le pigeon Tumbler almond tricolore.

Il y a aussi toutes les nuances dans les Tambours de Dresde à tête blanche, qui présentent les mêmes caractères de race, de formes et d'élevage que les précédents.

Il existe également des variétés de Tambours ayant les ailes seulement rouges, noires, jaunes ou bleues unicolores ou celles-ci barrées de blanc, et dont les vols ou grandes pennes des ailes sont blanches, comme le reste du corps.

La plupart de toutes ces races et variétés de pigeons Tambours font partie de la nombreuse tribu de pigeons allemands.

Ils sont d'une grande rusticité et d'une grande fécondité, et leur reproduction ne demande aucun soin particulier.

N° 48 — LE PIGEON TAMBOUR D'ALTENBOURG

Décrit par M. R. DE BOEVE

Le pigeon Tambour d'Altenbourg, d'après M. J. C. Lyell de Dundée, est caractérisé par une petite touffe de plumes en forme de rosette qu'il porte de chaque côté de la tête entre le bec et l'œil ; il a les doigts interne et médian réunis, non pas par une palmature comme chez les canards, mais soudés ensemble, et l'externe libre.

Son roucoulement a beaucoup d'analogie avec celui du Tambour de Boukharie ; mais il est plus saccadé, plus varié et infiniment plus prolongé.

Il a à peu près la taille et les formes du corps du pigeon Culbutant ; le bec grêle l'iris rouge orangé, sans filet autour de l'œil, le cou court, le corps ovalaire, les tarses courts et nus.

Il a le plumage d'un bleu clair, le cou d'un bleu plus foncé à reflets métalliques qui descendent sur la poitrine ; les couvertures des ailes d'un bleu rougeâtre clair barré blanc, les vols blancs ; les rectrices d'un bleu foncé avec une bande blanche transversale placée près de la pointe.

Ils sont d'une grande rareté et tambourine beaucoup mieux que n'importe quelle autre espèce de Tambours.

Il existe encore d'autres variétés de pigeons Tambours dont fait partie celui de Bernburg et bien d'autres, qui présentent à peu près les mêmes caractères, que celui décrit ci-dessus.

N° 49 — LE PIGEON SWIFT

Décrit par M. Robert Pauwels, *de Bruxelles (Belgique).*

Le pigeon Swift est originaire du Caire en Egypte, et est fort peu répandu sur notre continent, où il se rencontre très rarement à l'état de parfaite correction.

Les caractères typiques de cette race sont : le corps très long et complétement horizontal, les ailes démesurément longues ayant de 70 à 80 centimètres d'envergure et rappelant les formes de l'hirondelle, les pattes non emplumées et très courtes, le cou court et gros, la tête petite courte et très ronde, le bec très court et très gros, la poitrine large et bien portée en avant, la queue de la longueur proportionnelle à celle des ailes.

Les plus beaux sujets de cette race se rencontrent parmi ceux de couleur bronzé, c'est-à-dire sous la nuance qui rappelle celle du pigeon Bouvreuil.

Il en existe également des noirs, des blancs à collier à reflets métalliques, des bleus, des argentés et des jaunés, mais dans ces nuances, les sujets manquent presque toujours de formes et d'envergure.

A cause de la longueur démesureé de leurs ailes et de leur quene, le corps du pigeon Swift paraît beaucoup plus volumineux qu'il ne l'est en réalité.

Malgré son envergure, il a le vol très lourd et ne s'éloigne presque jamais de son colombier.

Il ne présente aucune difficulté au point de vue de l'alimentation et sa reproduction est très volontaire.

N° 50 — LE PIGEON HIRONDELLE CARME OU DE NUREMBERG

Décrit par M. GUSTAVE MATTHES, *de Schonbach (Saxe).*

Le pigeon Hirondelle Carme de Nuremberg a la grandeur de notre pigeon fuyard, mais un peu plus bas et un peu plus délié. La tête est assez longue, le front de grandeur moyenne et bien saillant, l'iris grand et rougeâtre ou gris-brun. Le bec est grêle, de longueur moyenne, la partie supérieure de couleur foncée et l'inférieure toujours blanche claire. La nuque est ornée d'une huppe ronde (en forme de coquille), le cou est court et menu, la poitrine large et les pieds sont bien emplumés.

La couleur dominante du plumage collant est la blanche. La partie supérieure de la tête, les ailes et les plumes des pieds sont colorées. La ligne de démarcation à la tête doit être horizontale, de l'ouverture du bec par l'œil jusqu'à la huppe blanche. Les plumes d'épaules doivent être blanches et se terminent dans le dos en forme de cœur.

Il y a des pigeons Hirondelles Carmes de couleurs suivantes : noir, bleu, rouge, jaune et argentés. Ces cinq variétés existent aussi bien avec que sans barres blanches, ainsi qu'écaillés blancs.

Il y en aussi de couleur d'alouette, écaillés, raies et rémiges gris foncés.

Les bleus ont leurs rémiges noires d'ardoise, autrefois il n'y avait que ceux ayant les ailes barrées de noir ou écaillé noir.

Cela s'applique aussi aux argentés à rémiges grises brunes.

Les raies blanches des bleues sont toujours bordées de noir.

Ces pigeons Hirondelles Carme sont lestes, fertiles, et élèvent facilement.

N° 51 — LE PIGEON HIRONDELLE DE SAXE

Décrit par M. GUSTAVE MATTHES, *de Schonbach (Saxe).*

Le pigeon Hirondelle de Saxe devient de plus en plus rare et se distingue des pigeons Hirondelles Carme par sa constitution plus large et, avant tout, par la marque de sa tête.

La tête est souvent blanche entière, mais les sujets parfaits doivent avoir une tache sur le front, nommée heurte, au moins de la grandeur d'un pois. La partie supérieure du bec des heurtés doit être de couleur foncée, le bec des autres totalement blanc. Dailleurs le dessin et les couleurs s'accordent entièrement avec celles des Hirondelles Carmes. Cependant les plumes des pattes sont beaucoup plus grandes, et cette espèce surpasse toutes les autres races de pigeons.

Les plumes des pattes des noirs, mesurent jusqu'à 15 centimètres de longueur. De cette manière, la marche est plus difficile, la position est basse.

Les couleurs noires et rouges, sont beaucoup plus brillantes métalliques que celles des Carmes.

Il y a des Hirondelles de Saxe non seulement sans et avec heurte, mais aussi à tête lisse, huppés et avec œillet rose sur le bec. La huppe doit être toujours pleine, jamais pointue.

Il n'est pas nécessaire d'apparier deux individus avec heurte pour obtenir des élèves ayant la même marque, au contraire, il vaut mieux ajouter une tête blanche pour éviter des marques incorrectes à la tête.

Les vieux amateurs se souviennent qu'il y a quarante à cinquante ans, on ne connaissait pas encore les Hirondelles avec raies d'ailes blanches et, aujourd'hui, elles sont un besoin principal de la race et doivent être fortement circonscrites, étroites, et les plus longues possibles.

Depuis longtemps cette excellente espèce est élevée en Saxe, avec la plus grande prédilection.

N° 52 — LE PIGEON HIRONDELLE BOUCLIER

Décrit par M. GUSTAVE MATTHES, *de Schonbach (Saxe).*

Quoique le pigeon Bouclier soit proche parent des Hirondelles de Saxe, on ne peut le distinguer comme tel.

La constitution, la grandeur, la tête avec ou sans huppe et heurte et le bec sont ressemblants aux précédents, que c'est à s'y méprendre, seulement les rémiges, les premières dix plumes d'aile et celles des pattes, également très longues, doivent être toujours blanches. Le reste de l'aile avec les plumes d'épaules sont de couleur et font ensemble le bouclier. Il y a les Boucliers des mêmes couleurs que les espèces précédentes et aussi sans ou avec raies d'ailes. Les Boucliers rouges sont les plus rares et recherchés et ont les plumes des pattes les plus grandes de cette espèce.

N° 53 — LE PIGEON DIAMANTÉ DE DAMAS

Décrit par M. A. HOLLERT, *de Boulogne-sur-Mer.*

Cette variété de pigeons appelée aussi Papillon de Damas, Dragon de Damas, pourquoi — je ne saurais le dire — n'est pas très répandue en France et que je sache, aucun auteur, jusqu'alors, n'en a donné de description.

D'origine orientale, ce pigeon nous est venu de là, en même temps que les nombreuses variétés à manteau maillé et à la tache caractéristique, aux grandes rémiges et aux plumes caudales.

A mon avis, le Diamanté est le produit d'un croisement fait avec l'Oriental Turbit, des Anglais, dont il a toutes les formes : bec long, iris orangé, morilles assez développées, tête forte, corps et poitrine ramassés, pattes rouges et nues.

Le plumage, par exemple, diffère :

Le Diamanté a le manteau maillé noir et jaune, tout le reste du corps noir, à l'exception, bien entendu, des grandes rémiges et de chaque plume caudale, marquées de blanc, ainsi que le veut l'origine.

Le Papillon a au contraire le manteau maillé noir et blanc.

Quant au Dragon, je n'en ai jamais possédé ; ceux que j'ai vus à différents concours étaient exposés tantôt sous le nom de Diamanté, tantôt sous le nom de Papillon.

Comme mœurs et caractères généraux, cette variété, bien que d'apparence très douce, semble mieux se plaire *a parte* de ses congénères; elle est peu prolifique, nourrit mal ses petits, lesquels sont d'un élevage difficile.

En somme, malgré sa beauté, je ne la crois pas estimée; à preuve, sa rareté dans nos expositions et un silence frappant chez nos auteurs.

N° — 54 LE PIGEON GAZZI DE MODÈNE

Décrit par M. ROBERT FONTAINE, *de Marcq-en-Barœul (Nord).*

Le pigeon Gazzi de Modène, ou plutôt le Gazzo, car en Italie, le singulier se termine ordinairement en *o* et le pluriel en *i*, mais comme en France on dit Gazzi, nous l'appellerons ainsi.

Le Gazzi est de la grosseur du pigeon voyageur, il a le cou assez arqué, les pattes plus longues. Il a les ailes et la queue courtes qu'il relève en faisant avec le sol un angle de 45 degrés. Il a la tête, les ailes et la queue colorées, le reste du corps est entièrement blanc. La couleur de la tête doit s'arrêter derrière, à la hauteur de l'œil et redescendre sur le devant en bavette, en dessous du bec.

L'œil est rouge orangé ou perlé et souvent panaché de noir. Le bec est foncé quand la tête est de couleur foncée, clair quand les couleurs sont claires, les pattes nues et d'un rouge vif.

Les principales variétés sont la bleue, la noire, la grise, barrées cachou ou blanc, ou brun ; la noire, la rouge ou jaune unie ; la bleue, la noire, la grise, la rouge avec divers maillages ou mouchetures sur les ailes.

N° 55 — LE PIGEON SCHIETTI DE MODÈNE

Décrit par M. ROBERT FONTAINE, *de Marcq-en-Barœul (Nord).*

Le pigeon Schietti de Modène ne diffère du précédent que par la couleur qui est uniforme. On rencontre les variétés unicolores ou avec les ailes barrées, mouchetées ou maillées.

N° 56 — LE PIGEON MAGNANI

Décrit par M. Robert Fontaine, *de Marcq-en-Barœul (Nord).*

Le pigeon Magnani diffère du précédent par le plumage qui est toujours de trois couleurs.

Ce plumage, de même que celui du pigeon anglais Tumbler almond devient plus foncé chaque année, les plumes noires ou blanches deviennent plus nombreuses. On en rencontre trois variétés qui diffèrent par le fond du plumage et portent une dénomination spéciale.

Le *Magnani di timpano* a le fond du plumage blanc et parsemé de plumes noires et rouges.

Le *Magnani grigi* a le fond du plumage bleu et moucheté de noir et de blanc.

Le *Magnani Sauri* a le fond du plumage brun avec mouchetures blanches et noires.

N° 57 — LE PIGEON BRODOCECCI

Décrit par M. Robert Fontaine, *de Marcq-en-Barœul (Nord).*

Le pigeon Brodocecci a les formes du Gazzi, en diffère par le plumage. Il a la tête, le cou et la poitrine d'un fauve doré, la queue et les ailes bleues; ces dernières sont barrées de cachou et chaque extrémités des grandes plumes de l'aile est cachou : c'est le bouvreuil italien.

Le *Pigeon Carne* est un gros pigeon dans le genre du pigeon Romain, mais beaucoup plus court et ayant la queue relevée. Il y en a de toutes couleurs, de même que du *Pigeon Ucelli* qui termine la collection des pigeons de Modène.

N° 58 — LES PIGEONS CRAVATÉS ITALIENS

Décrit par M. Robert Fontaine, *de Marcq-en-Barœul (Nord.)*

Les pigeons cravatés italiens forment six variétés différant par le plumage :

1° *Le Cravaté Rondoni.* Ce gentil petit pigeon a la forme du Cravaté anglais, avec la tête moins forte. Sa couleur est celle des pigeons Damascènes, c'est-à-dire gris argenté très pâle avec les ailes barrées de noir.

2° *Le Cravaté Fagianino.* C'est le même pigeon que le précédent, il est en plus moucheté de noir sur les ailes.

3° *Le Cravaté Pastellino.* Ne diffère du Rondoni que par le plumage qui est de couleur crème et les barres des ailes qui sont fauves.

4° *Le Cravaté Azurro.* Le corps est noirâtre avec le manteau bien noir, chaque plume est liseré de blanc.

5° *Le Cravaté petit doro.* C'est un cravaté bleu avec la gorge et la poitrine de couleur fauve doré, comme le Brodocecci.

6° *Le Cravaté Lattati.* Son plumage est entièrement de couleur chair.

N° 59 — LE PIGEON MOOKÉE OU TREMBLEUR DE L'INDE

Décrit par M. A. HOLLERT, *de Boulogne-sur-Mer (Pas-de-Calais).*

S'il est une variété de pigeons d'agrément méritant l'attention des amateurs et ayant une place toute marquée dans leurs volières, c'est assurément le pigeon Mookée.

Originaire des Indes, où il est très en faveur, le Mookée était peu connu en France, il y a quelques années, les spécimens étaient rares aux jardins zoologiques et même en Angleterre, aux principales expositions, cette variété ne fait pas encore l'objet d'une classe spéciale.

Dans les expositions du Continent, les classes sont peu pourvues.

Comme formes, le Mookée ressemble assez au bouvreuil d'Archangel, bien que celui-ci ne soit nullement de même descendance, il a aussi une certaine analogie dans le plumage, exceptant toutefois que le Mookée, de quelque nuance qu'on l'obtienne, a le sommet de la tête et deux ou trois rémiges externes de chaque aile blancs, le reste du plumage uniformément de même couleur, noir, bleu, brun, chamois, etc.

De plus, le Mookée, de même que le pigeon queue de **paon**, est toujours agité d'un tremblement convulsif, particulier à ces deux races, ce qui donne à l'oiseau un cachet très original.

Le pigeon Mookée de race pure ou plutôt le type idéal doit avoir le bec de force et de grandeur moyenne, la mandibule supérieure blanche, l'inférieure corne plus ou moins foncée selon la couleur de l'oiseau ; la tête allongée, étroite, l'œil de vesce, une huppe bien pointue, le cou long, la poitrine bombée, le corps ovalaire, les pattes rouge vif, les rémiges longues bien serrées dépassant la queue. Le plumage doit être de couleur bien déterminée.

Le Mookée est très rustique, peu difficile sur son logement, il nourrit très bien ses petits, auxquels il transmet généralement ses qualités.

Cependant, il arrive assez souvent que le blanc de la tête est irrégulièrement tranché, c'est-à-dire qu'il n'affecte pas une ligne bien coupée au milieu de l'œil, ligne prenant naissance à la base du bec et s'étendant jusqu'à la huppe ; de même il se produit fréquemment que les rémiges blanches sont au nombre de quatre, cinq ou non égales de chaque côté, ou mélangée de plumes noires ainsi que cela se voit chez le capucin.

C'est par une sélection judicieuse que l'on obtient des sujets à peu près parfaits, la perfection étant difficile à réaliser.

J'ai commencé l'élevage des Mookée en 1888, j'ai possédé jusqu'à trente couples de reproducteurs, mais, j'avoue humblement que malgré mes efforts et mes succès aux expositions, il me serait difficile de présenter un couple tout à fait parfait.

J'espère cependant y parvenir et souhaite aux éleveurs de ce gentil pigeon une semblable réussite.

N° 60 — LE PIGEON-SÉRAJÉE

Décrit par M. R. VAN ALPHEN, *d'Anvers.*

Le pigeon Sérajée est originaire des Indes anglaises et n'est connu en France et en Belgique que depuis une bonne quinzaine d'années.

Par sa taille volumineuse, il se rapproche un peu du Boulant sans avoir sa grosse gorge et ses longues pattes. Il est d'un blanc pur sur la poitrine, le ventre, le croupion ; la tête, le cou et les ailes étant colorés, soit de noir, de jaune, de gris ou de rouge.

La queue doit être entièrement blanche, mais on n'est pas d'accord sur ce point.

On a également longtemps discuté sur le point de savoir si la tête du Sérajée devait être entièrement colorée jusqu'à la paupière inférieure de l'œil ou si l'œil devait rester entouré de blanc.

Les nombreuses importations qui ont été récemment faites tendent à faire prévaloir cette dernière opinion.

Quoi qu'il en soit, le Sérajée est à recommander aux jeunes amateurs, car il s'élève très facilement, ne demande pas de soins particuliers, mène toujours à bien les pigeonneaux qui sont très souvent parfaitement marqués. Ils doivent aussi être bien pattus.

N° 61 — LE PIGEON GOOLÉE

Décrit par M. R. De Boeve.

Le pigeon Goolée est originaire de Calcutta où on rencontre de grandes collections de cette race de pigeons.

Il a beaucoup de ressemblance avec le pigeon Tumbler Almond, de qui il a les formes gracieuses, mais dont il est plus grand de taille.

Il a la tête ronde, le front haut et droit, le bec petit comme chez le Tumbler Anglais ; le bec est blanc chez les variétés rouges et jaunes, mais il est noir chez la variété noire.

Il a l'œil de vesce, la poitrine très saillante et développée, les ailes assez longues et portées sous la queue, presque traînantes comme chez le Culbutant Anglais, la queue étroite, les pattes courtes et sans être emplumées.

Il a la face supérieure du corps, noire, rouge, bleue ou jaune et la face inférieure blanche, à l'exception de la queue qui est de la même couleur que la face supérieure du corps.

Vu de profil, le cou est moitié blanc et moitié coloré, et la région colorée de la tête ne peut descendre que jusqu'à la ligne naso-oculaire, se prolongeant sur la nuque, s'arrêtant au conduit auditif et descendant jusqu'aux épaules.

Il est d'un vol léger, d'une grande fécondité et est très estimé aux Indes orientales.

N° 62 — LE PIGEON DE LAHORE

Décrit par M. R. De Boeve.

Comme l'a dit M. V. La Perre de Roo, le pigeon de Lahore a la taille du pigeon Dragon et la forme du pigeon Polonais.

Il est originaire de l'Inde, est remarquable par la disposition originale des couleurs de son plumage, néanmoins qu'il soit mal constitué pour le vol et ses allures gauches et lourdes.

Il a le bec large à sa base, surmonté de caroncules nasales assez développées, la mandibule inférieure du bec est blanche-rosée, tandis que la mandibule supérieure est noire ou corne foncée. La tête est convexe, large entre les yeux et ornée d'une huppe pointue formée de plumes à rebours sur le derrière de la tête, l'œil est noir et entouré d'une membrane nue de teinte rougeâtre ; il a le cou court, la poitrine arrondie, les épaules larges, les ailes sont longues, les tarses courts et non emplumés.

Il a le sommet de la tête, depuis la mandibule supérieure du bec, noir ; le noir suivant la ligne naso-oculaire se prolonge derrière le conduit auditif, sur la partie postérieure du cou en laissant une tache ovoïde blanche sous l'œil ; la partie antérieure du cou, blanche, de sorte que ce pigeon, vu de profil, a la moitié du cou noire et l'autre moitié blanche.

La poitrine, les jambes, l'abdomen, le croupion et la queue sont blancs, comme le devant du cou ; tandis que le dos et les ailes sont d'un noir intense comme le sommet de la tête et la partie postérieure du cou.

C'est une variété de pigeons paisibles, inoffensifs, qui se reproduit très bien sous nos climats, sans exiger des soins spéciaux d'installation ou d'alimentation.

N° 63 — LE PIGEON SOUABE A COLLIER

Décrit par M. F. Couchot, *de La Rochebordeaux (Maine-et-Loire).*

Il est assez difficile de se prononcer sur l'origine du pigeon Souabe. Il a des liens de parenté très proches avec les pigeons Coquillés, d'autres plus éloignés avec la nombreuse tribu des Suisses, il diffère des uns et des autres par de nombreux points. Contentons-nous de faire preuve de goût en appréciant ses formes élégantes et sa brillante livrée et ne nous attardons pas à rechercher le berceau de ses ancêtres.

Le pigeon Souabe à collier de grosseur moyenne, a le bec grêle assez allongé et de couleur noirâtre, la tête étroite, longue et légèrement aplatie, lisse ou coquillée, l'iris orange, l'œil dépourvu de tout filet, les ailes et la queue longues, les pattes de taille moyenne, les tarses roses, le plus souvent nus, quelquefois chaussés, jamais pattus.

La tête est d'un noir grisâtre, le cou et le dos noir plus foncé, avec des reflets métalliques verdâtres, la gorge ornée d'un collier blanc glacé en forme de croissant, le manteau des ailes maillé blanc et noir, avec les barres blanches sur les ailes, le vol noir avec des pois blancs sur les pennes des ailes ; la partie inférieure du corps noirâtre.

C'est une très coquette variété de pigeons se reproduisant avec beaucoup de facilité et en général fort appréciée.

Il existe quelques autres sous-races de Souabes, dont l'une est toute noire avec des mouchetures blanches sur la gorge ; une autre à la partie supérieure de la tête blanche ; mais ces variétés beaucoup moins belles que la précédente, sont peu estimées des amateurs et par conséquent peu recherchées.

N° 64 — LE PIGEON NONNAIN CAPÉ

Décrit par M. R. De Boeve.

Le pigeon Nonnain Capé a été primitivement décrit par Moore, qui le désigne comme étant le croisement du pigeon Capucin et du pigeon Petit-Mondain, mais qui a conservé la plus grande partie des caractères généraux du pigeon Capucin.

Il est originaire d'Asie-Mineure.

Ce charmant pigeon a la taille et les formes du pigeon Capucin, la tête ronde, le bec est noir et très court comme celui du pigeon Cravaté, une coquille derrière la tête, l'iris blanc avec mince membrane rose autour des yeux, le cou moyen, le corps élancé, la poitrine proéminente, le dos de largeur moyenne, les épaules arrondies et cachées par les plumes de la poitrine, les ailes assez longues,

portées au-dessous de la queue et presque traînantes, la queue
étroite, les pattes courtes et non emplumées.

Il a le plumage entièrement noir, à l'exception de la queue, qui
est complètement blanche. Les plumes de la capuche, de la gorge
et de la poitrine sont d'un noir violacé à reflets métalliques, d'un
effet très agréable.

Il a le vol très léger, sa reproduction est très volontaire, il a le
naturel très familier et s'apprivoise avec la plus grande facilité.

Il existe aussi le pigeon Nonnain Capé bleu, rouge ou jaune à
queue blanche, ainsi que le blanc unicolore, dont la description est
la même que celle ci-dessus.

N° 65 — LE PIGEON NÈGRE A CRINIÈRE

Décrit par M. Robert Pauwels, de Bruxelles (Belgique).

Le pigeon Nègre à crinière est originaire de Smalkalde, et est
d'un aspect curieux par le double capuchon blanc qui entoure sa
tête, comme chez le Capucin. C'est en quelque sorte un Capucin
inverse, à corps blanc, à queue et tête de couleur, pattu blanc et
ayant l'intérieur du capuchon de la couleur de la tête.

Il a la tête longue, le bec grêle, l'œil de vesce, sans membrane
charnue, le cou court, les pattes courtes et emplumées.

Il y en a des noirs, des rouges, des bleus et des chamois,
ainsi les sous-variétés issues des croisements de ces diverses
nuances.

La crinière doit être très volumineuse et se partageant bien
de chaque côté de la tête, doit remonter jusque sur le dessus de la
tête.

La race de ces pigeons est très féconde, ils se nourrissent de l'ordinaire des pigeons et s'acclimatent avec la plus grande facilité.

N° 66 — LE PIGEON MOINE

Décrit par M. R. De Boeve.

Le pigeon Moine est considéré par les ornithologistes, comme
étant le pigeon Coquille hollandais *inverse*, c'est à dire qu'il a blan-

ches les parties du corps que ce dernier a colorées et qu'il a, au contraire, colorées, celles que ce dernier a blanches, à l'exception des plumes qui couvrent ses pattes qui sont blanches.

Ce pigeon est généralement très rare en France et en Angleterre et ce n'est guère qu'en Allemagne qu'on s'occupe de son élevage.

Il a le bec blanc, les morilles fines et blanches, une large coquille derrière la tête, l'iris rouge, le cou court, les ailes et la queue assez longues, le corps ramassé avec la poitrine assez développée, les pattes courtes et bien emplumées.

La tête de ce pigeon est toute blanche, la coquille colorée, la bavette blanche nettement tranchée, les dix grandes pennes des ailes blanches, le croupion et la queue doivent être blancs sans mélange de plumes de couleur, les plumes des pattes doivent être blanches et tout le reste du corps, doit être d'un noir lustré à reflets métalliques dans le cou.

Temminck, Boitard et Corbié dans leurs monographies, le désigne « pigeon Nonnain Maurin » ce qui signifie qu'il serait issu d'un croisement avec le pigeon Capucin.

Il a le vol léger, mais néanmoins ne s'éloigne pas beaucoup de son colombier et ne demande aucun soin particulier comme installation et alimentation.

N° 67 — LE PIGEON FRISÉ

Décrit par M. F. Couchot, de La Rochebordeaux (Maine-et-Loire).

Le pigeon Frisé, s'il faut s'en rapporter à la dénomination de « Milanais » qui lui est habituellement donnée, doit être originaire du nord de l'Italie. Nous ne pouvons appuyer ce dire sur aucune preuve, nous n'avons d'autre indice que cette appellation, mais si le fait est exact, les habitants de ce pays peuvent à juste titre s'en glorifier, car cette race présente un caractère d'originalité, qu'elle est seule à posséder dans l'innombrable tribu des pigeons.

Le pigeon Frisé a dans une taille plus petite, à peu près, toutes les formes des pigeons Mondains.

De grosseur moyenne, il a le bec assez long, mince et de couleur rosée, la tête légèrement aplatie et coquillée, l'iris noir, l'œil dépourvu de membrane nue, le cou court, le dos large, les ailes longues, saillantes en avant, reposées sur la queue sans croisement, la queue assez longue et large, les tarses rouges et chaussés.

Le caractère distinctif de ce pigeon, de couleur blanche uniforme par tout le corps, est d'avoir les plumes de son manteau tuyautées à son extrémité, d'où son nom de « Frisé. »

Pour être de race pure, les oiseaux de cette variété, doivent toujours être chaussés ; jamais les tarses ne doivent être nus ou pattus ; la tête doit être coquillée et jamais lisse ; enfin, les amateurs doivent attacher à la frisure des plumes du manteau, une grande importance, puisque c'est l'ornement caractéristique de la race, et que c'est cet ornement tout seul qui donne à ces pigeons leur grâce et leur originalité.

Le pigeon Frisé est entièrement familier et s'éloigne peu de son colombier, il est peu exigeant sur le choix de la nourriture, se reproduit facilement et s'élève sans aucun soin particulier.

Les amateurs devront toutefois entretenir, avec grande propreté, son logement, pour éviter qu'aucune tache ne vienne souiller le blanc immaculé de sa robe, ce qui lui enlèverait beaucoup de son cachet particulier.

N° 68 — LE PIGEON RUSSE

Décrit par M. R. De Boeve.

Le pigeon Russe, d'après M. V. La Perre de Roo, a beaucoup d'analogie avec le pigeon Tambour de Dresde, dont il ne diffère que par l'absence de la huppe ou touffe de plumes à rebours au-dessus du bec.

Il est de la taille du pigeon Coquille hollandais ou étourneau ; originaire de Russie, il est cependant beaucoup plus répandu en Allemagne.

Il a le bec grêle, la tête aplatie et allongée ainsi que coquillée, l'œil de vesce, le cou court, le corps ovalaire, la poitrine peut développée, le dos pas bien large, les ailes et la queue de longueur moyenne, les tarses courts et emplumés mais rarement nus.

Il est noir, ou rouge, ou bleu, ou chamois, ayant toujours le dessus de la tête blanche, depuis la mandibule supérieure du bec qui est blanche, suivant la ligne naso-oculaire.

Les variétés noire et rouge sont les plus recherchées, parce que le fond de leur plumage fait un contraste plus agréable avec le sommet de la tête, que dans les variétés chamois et bleue.

Il existe aussi une variété bleue à manteau pointillé de blanc et barré de blanc, avec la gorge teinte de reflets métalliques.

Toutes ces variétés sont très rustiques et très fécondes, mais elles ont le caractère sombre, le vol peu soutenu et sont d'un naturel farouche.

N° 69 — LE PIGEON BRÉSILIEN

Décrit par M. R. De Boeve.

Le pigeon Brésilien est un gracieux pigeon d'agrément, qui est très répandu et très estimé en France.

On ne connait guère son origine exacte et son nom de Brésilien doit lui venir d'un des premiers éleveurs avant formé cette race.

Il n'en est pas moins un très joli petit pigeon aux formes gracieuses et vives.

Il a le plumage blanc, à l'exception du sommet de la tête et de la queue qui sont noirs, rouges, chamois ou bleus.

La calotte de la tête, doit s'étendre de la mandibule supérieure du bec, suivre le milieu de l'œil et se terminer derrière la tête.

Ils sont d'une grande familiarité, doux et sociables avec leurs compagnons de volière ; sont d'une grande fécondité et rusticité et ne demandent aucun soin particulier.

N° 70 — LE PIGEON SAPAJOU

Décrit par M. R. De Boeve.

Certains amateurs croyant connaître toutes les variétés de pigeons, m'ont contesté l'existence de cette belle race et je puis affirmer en avoir possédé en diverses couleurs et en avoir vus exposés dans les expositions de Paris, qui attiraient l'attention des véritables amateurs.

Comme le dit très bien M. V. La Perre de Roo, le pigeon Sapajou a beaucoup d'analogie avec le pigeon Montagnard et avec le pigeon Nègre à crinière.

Il diffère du pigeon Nègre à crinière en ce qu'il a la queue blanche et l'absence de la crinière, mais le reste du corps a beaucoup de similitude avec cette variété.

Il diffère du pigeon Montagnard en ce qu'il a une coquille derrière la tête et que la partie postérieure du cou est blanche.

Il est extrêmement fécond, peu difficile sur sa nourriture et sur son logement et n'exige d'autres soins particuliers que d'être tenu proprement.

Il a le bec grêle et long, le front fuyant, la tête longue, l'œil grand à iris noir sans filet rouge, une coquille derrière la tête, le cou court, le corps gros et court, le dos large, les ailes longues se reposant sur la queue sans se croiser, les pattes courtes et emplumées.

Il a la tête, la partie antérieure du cou et la poitrine noires, rouges, chamois ou bleues et tout le reste du corps blanc.

La partie colorée du plumage doit former une région bien tranchée et embrasse toute la tête, depuis la base du bec jusqu'à la coquille exclusivement ; la gorge proprement dite, le devant et les côtés du cou ne laissent de blanc que la nuque et la partie postérieure du cou et doit descendre sur la poitrine.

La coquille doit être épaisse et bien fournie, énergiquement accentuée, s'étendant d'un œil à l'autre, de couleur blanche sans mélange de plumes colorées. Cette variété a les allures très vives, le vol très facile et est d'une nature très familière.

N° 71 — LE PIGEON SAXON

Décrit par M. BRINDEL, à Fécamp (Seine-Inférieure).

Le Pigeon Saxon fait partie de la nombreuse famille des pigeons allemands et est de la grosseur du Pigeon Tambour de Dresde, de qui il a les formes et les proportions générales du corps, mais dont il diffère par l'absence de la touffe de plumes que porte le Tambour de Dresde, sur le front.

Il a le bec grêle, l'œil orangé, la tête ronde, les tarses très emplumés.

Comme plumage, il ressemble au pigeon Bald-head, mais ayant des barres blanches en plus dans les ailes et la ligne de démarcation du blanc de la tête qui s'arrête au-dessous de son oreille et de son bec.

Il doit avoir la queue, les vols, les plumes des cuisses et des pattes, blanches ; les ailes barrées blancs, le dos, le dessus des ailes et le dessous du corps, noir, rouge, bleu ou jaune, suivant la nuance de sa livrée. Il doit aussi avoir le bec blanc rosé. Le cou et la poitrine est argenté à reflets métalliques.

Il existe des Pigeons Saxons coquillés et non coquillés, noirs, rouges, chamois, bleus et bleus étincelé, mais ce sont les noirs qui sont les plus recherchés des amateurs.

Cette race est très féconde et très rustique et ne demande aucun soin particulier, quant au logement et la nourriture.

N° 72 — LE PIGEON COQUILLE HOLLANDAIS

Décrit par M. F. Couchot, de La Rochebordeaux (Maine-et-Loire).

Le pigeon Coquille hollandais est le type de toute la famille des Coquillés. Tous les autres Coquillés : le Russe, le Sapajou, le Tête de Maure, etc., ne sont que des sous-races de cette jolie variété.

Il a le bec droit, la tête légèrement convexe, son œil entouré d'un mince filet noir, son iris perlé, son cou court, son corps arrondi, sa poitrine saillante, ses ailes longues, sa queue étroite, ses tarses courts, rouges et nus.

Cet oiseau se fait remarquer par l'agréable disposition de ses couleurs ; son corps est de couleur blanche avec la tête, la sous-gorge, le vol et la queue de couleur noire, rouge, chamois ou bleue, suivant la variété. Comme dans la plupart des races recherchées pour leur plumage, la variété noire est la plus estimée des amateurs, parce que les parties colorées en noir forment un contraste plus frappant avec le blanc pur du reste de la livrée, que dans les autres variétés.

Il a, en outre, la tête garnie, comme l'indique son nom, d'une coquille très prononcée et très abondante, formée par un certain nombre de petites plumes redressées à la naissance de la nuque.

Pour que les oiseaux de cette race soient de premier choix, il faut et il est nécessairs que la tête soit entièrement colorée jusqu'à la coquille ; que la partie de couleur s'étende sous la gorge en forme de demi-cercle et se termine d'une façon très régulière sans qu'aucune plume colorée avance dans la partie blanche ou vice-versa. Tout sujet de cette espèce, et l'on en rencontre souvent, ayant des plumes de couleurs mélangées parmi le plumage blanc, est défectueux et doit être rejeté comme tel.

Enfin, le vol tout entier, c'est-à-dire les dix rémiges primaires, et toutes les plumes de la queue doivent être, sans mélange de blanc, de la même nuance que la tête.

A ses qualités incontestables d'élégance et de beauté, cette race ajoute celles de la fécondité et de la rusticité, aussi a-t-elle de tout temps été prisée des amateurs.

N° 73 — LE PIGEON ETOURNEAU

Décrit par M. C. CARLIER, *d'Haubourdin (Nord).*

Le pigeon Etourneau est d'origine allemande, et tire son nom de la similitude de plumage qu'il a avec l'oiseau de ce nom.

Il a le bec grêle, mince et noir, la tête allongée, l'œil vif et rouge orangé, les jambes courtes, les pattes courtes, rouges et nues.

Le plumage d'un beau noir lustré; la gorge et le cou à reflets métalliques verts, rouges et violacés, les ailes, de longueur moyenne, sont traversées par deux larges barres blanches bien distinctes; les ailes reposent sur la queue sans se croiser.

Le plastron, qui forme le principal caractère de cette race, est en forme de hausse-col ou de croissant; il est composé de plumes noires ayant leurs extrémités blanches sur la poitrine, ce qui est d'un très bel effet.

Ce pigeon ne prend sa livrée définitive qu'après la première mue.

Il existe deux variétés de pigeons étourneaux : 1° l'Etourneau à tête noire; 2° l'Etourneau à tête blanche.

L'une et l'autre de ces deux variétés présentent des sujets à tête lisse et d'autres à tête coquillée.

Dans chacune de ces variétés, on trouve aussi des sujets dont la couleur noire est remplacée par le bleu, mais ayant aussi le hausse-col et les barres blanches.

On trouve aussi des sujets herminés dans les ailes et cette sous-race est très jolie, mais est très rare.

Cette race est fidèle à son colombier, qui doit être tenu proprement, est belle, gracieuse, très prolifique et n'est ni sauvage, ni batailleuse, sans être toutefois aussi familière que le sont certaines autres races de pigeons, élève bien sa progéniture, très rustique et se nourrit de toutes les graines usitées à tous les autres pigeons.

Il s'habitue très bien en volière, dans laquelle quelques couples de cette variété font le plus bel effet.

N° 74 — LE PIGEON MONTAGNARD

Décrit par M. R. De Boeve.

D'après M. V. La Perre de Roo, le pigeon Montagnard est une belle race, qui peut remplacer avec avantage le Bizet et le Fuyard.

Sans crainte d'être démenti par les amateurs qui le connaisse, il peut être classé parmi les pigeons les plus productifs.

Il est plus gros que le Bizet, a le bec grêle sans morilles, l'œil de vesce largement ouvert, sans caroncules, le cou court, le corps ramassé, la poitrine large, les ailes longues, la queue de longueur moyenne et les pattes courtes, nues ou emplumées.

Il s'accommode de toutes espèces de nourriture, qu'il va chercher d'habitude aux champs et par conséquent ne coûte rien.

Il a la tête, le cou, la gorge et le dos noir, rouge, jaune ou bleu et le reste du corps blanc unicolore.

La partie colorée de son plumage doit être lustrée avec des reflets métalliques sur la gorge et doit former une région bien tranchée, ne s'étendant pas plus loin que la naissance des ailes qui doivent être entièrement blanches, s'arrêtant en forme de bavette, à la naissance du sternum.

Quand les parties colorées sont mêlées de plumes blanches, c'est un signe d'abâtardissement, et les sujets qui ont ces défauts apparents doivent être éliminés de la reproduction.

N° 75 — LE PIGEON SATIN

Décrit par M. F. Couchot, *de La Rochebordeaux* (*Maine-et-Loire*).

Le pigeon Satin est classé parmi les pigeons Allemands, dont il a toutes les formes ; il est certain, cependant, qu'il n'est pas originaire de la Germanie, et qu'il a vu le jour en Islande ou en Norwège.

Son plumage gris cendré, qui lui a valu chez les anciens auteurs le nom de « Pigeon gris-bleu des Rochers » prouve surabondamment qu'il est issu des pays du Nord. Sous l'influence du climat polaire, il a revêtu le caractère propre aux animaux qui habitent ces contrées, et à l'instar des Gélinottes et des Tétros, sont plumage s'est harmonisé avec les rochers grisâtres et les blancs frimats de ces régions glacées.

Le Satin a le bec grêle, mince et effilé, la tête allongée, l'œil dépourvu de toute membrane nue, l'iris orange, la poitrine large, les pattes courtes, les tarses roses, garnis de longues plumes raides et les ailes longues venant se poser sur la queue sans se croiser.

Il est de grosseur moyenne.

Cette race présente trois variétés :

1° *Le Satin uni ou unicolore*, de couleur gris cendré sur tout le corps, avec sur la gorge et le cou des reflets métalliques verdâtres ;

2° *Le Satin uni à barres blanches*, semblable au précédent, sauf deux barres blanches bien distinctes sur les ailes, séparées entre elles par un seul rang de plumes grises ;

3° *Le Satin étincelé ou herminé*, de beaucoup le plus joli.

Cette variété a les mêmes formes et la même couleur gris cendré que les précédentes, mais le manteau des ailes, au lieu d'être de couleur unie, est agréablement et très régulièrement maillé de gris et de blanc, avec les barres blanches semblables à celles de la deuxième variété.

Je ne saurais trop recommander aux amateurs de choisir leurs reproducteurs parmi les sujets les plus pattus et ceux ayant le moins de blanc au croupion. (Il y a toujours, en effet, quelques petites plumes-duvet blanches sur cette partie du corps).

Pour la variété herminée, ils doivent en plus s'attacher à ne conserver que les sujets ayant le manteau absolument régulier et sacrifier sans pitié ceux qui seraient simplement mouchetés.

Il importe de dire que dans cette variété, les jeunes sujets ont les parties blanches du manteau de couleur rosée, et ne prennent leur nuance définitive, qu'après la première mue.

Cette race est très rustique, très féconde et ne demande d'autres soins, qu'un logement propre et salubre.

N° 76 — LE PIGEON LUNE

Décrit par M. F. Couchot, de La Rochebordeaux (Maine-et-Loire).

Le pigeon Lune est un membre de la nombreuse tribu des Suisses. C'est du moins dans cette famille qu'il est généralement classé. À mon humble avis, il a beaucoup plus de ressemblance avec les pigeons Allemands ; son corps arrondi, son plumage abondant, les longues plumes raides, qui recouvrent complètement ses pattes, points caractéristiques invariables des races germaniques, sembleraient bien plutôt indiquer une origine teutonne qu'une origine suisse. Toutefois, puisque les plus anciens auteurs lui donnent le nom de *Suisse Lune*, j'aurais mauvaise grâce à lui contester cette nationalité : admettons donc que le *Lune* est un Suisse — de la Suisse allemande, probablement.

Ce pigeon a le bec droit, grêle, flexible, légèrement renflé vers le bout, la tête légèrement convexe et assez large, l'iris orange, l'œil sans filet, la poitrine saillante, les ailes cachées sous l'abondance des plumes, longues, se posant sur la queue sans se croiser, le dos large, la queue de longueur moyenne, les tarses rouges et recouverts complètement de longues plumes raides. — La tête doit toujours être lisse.

Le pigeon Lune est blanc argenté sur tout le corps, y compris les plumes des pattes, avec un grand croissant sur la poitrine, semblable à celui du pigeon Souabe à collier, et les barres des ailes de couleur noire, rouge ou chamois suivant la variété. La variété noire est la plus recherchée des amateurs, parce que la couleur foncée du croissant et des barres, tranche davantage sur le blanc pur du reste de la robe.

Je dois signaler une sous-race du pigeon Lune, qui est gris-bleu sur tout le corps avec les barres et le plastron couleur flamme de punch ; cette dernière variété porte le nom de *Suisse barré orange*.

Le pigeon Lune forme une race très gracieuse et d'une grande rusticité, il n'est ni plus ni moins difficile sur la nourriture et le logement, que les pigeons des races allemandes dont il a, d'ailleurs, l'incomparable fécondité.

N° 77 — LES PIGEONS SUISSES

Décrit par M. F. Couchot, *de La Rochebordeaux (Maine-et-Loire).*

Sous la démination de pigeons Suisses, on classe habituellement un assez grand nombre de variétés, qui toutes, présentent les mêmes formes, les mêmes caractères, les mêmes habitudes, mais qui diffèrent très sensiblement entre elles par le coloris et la disposition de leur plumage.

De ce nombre sont :

1° Les pigeons Bai dorés ;

2° Les pigeons Bai argentés ;

3° Les pigeons Jacinthes ;

4° Les pigeons Faisans argentés.

Ces pigeons, dis-je, ont tous les mêmes formes, c'est à dire, le bec grêle, droit, flexible, faiblement renflé vers le bout, la tête petite, légèrement aplatie et allongée, *toujours lisse*, l'iris orange, l'œil dépourvu de tout filet, le corps svelte et allongé, la queue et les ailes de longueur moyenne, les tarses rouges et nus.

1° Le pigeon *Bai doré* ou *Suisse doré*, a le corps noirâtre avec le manteau des ailes maillé doré sur fond noir ;

2° Le pigeon *Bai argenté* ou *Suisse herminé*, a le corps noirâtre avec le manteau des ailes maillé blanc sur fond noir ;

3° Le pigeon *Jacinthe* ou *Suisse jacinthe*, a le corps gris-bleu ardoisé avec le manteau des ailes maillé blanc sur fond bleu.

Ces trois variétés de pigeons comptent, sans conteste, parmi les plus jolies de la tribu Colombine, et il est particulièrement intéressant de voir réunis dans une volière quelques spécimens de chacune de ces races. Ces jolis oiseaux ont d'ailleurs toutes les qualités : à l'agréable disposition de leur plumage, à leurs formes élégantes, ils joignent la familiarité, la rusticité et la fécondité ; ils se reproduisent très facilement et s'élèvent sans plus de soins que les plus vulgaires Mondains.

4° Une quatrième et très originale variété est le pigeon Faisan argenté : il a la tête et la poitrine noire, et le reste du corps blanc glacé sur fond noir.

Je ne cite cette quatrième variété que pour mémoire.

Je crains bien, en effet, qu'elle ne soit complètement perdue.

Je ne saurais trop en terminant recommander aux amateurs de

rejeter les sujets qui seraient huppés ou coquillés, pattus ou chaussés ; pour être pures, ces races doivent toujours avoir la *tête lisse* et les *tarses nus*. Il est inutile d'ajouter que les oiseaux mal maillés ou simplement mouchetés sur le manteau doivent être sacrifiés sans pitié.

N° 78 — LE PIGEON BISET DE POLOGNE

Décrit par M. R. De Boeve.

Le pigeon Bizet de Pologne a beaucoup d'analogie comme plumage, avec le pigeon Suisse bai argenté.

Il diffère de ce dernier par les proportions de son corps qui sont plus courtes et plus ramassées.

Il a le bec grêle et noir, la tête allongée, l'œil rouge orangé, le tour de l'œil très petit et de couleur du pigeon Biset ordinaire ; la poitrine et le dos larges, les épaules arrondies et cachées sous les plumes de la poitrine, les ailes de longueur moyenne, la queue large et de longueur moyenne, les tarses courts, nus et rouge vif.

Il existe des pigeons Bisets de Pologne dont le plumage de la tête, du cou et de la poitrine est d'un bleu foncé avec reflets métalliques, avec le manteau des ailes qui doit être blanc maillé de noir ; les grandes pennes des ailes ou vols doivent être blancs et la queue doit être bleue barrée de noir vers l'extrémité.

Il en existe aussi des bleus unis ayant seulement les ailes barrées de blanc, les vols blancs et la queue bleue également barrée de noir vers l'extrémité.

Cette race de pigeons est encore très peu répandue parmi les éleveurs et elle mérite cependant qu'on y prête toute l'attention, par la beauté de son plumage, sa rusticité et son extrème fécondité, qui ne demande aucun soin particulier.

N° 79 — LE PIGEON HEURTÉ

Décrit par M. F. Couchot, *de la Rochebordeaux (Maine-et-Loire)*.

Le pigeon Heurté, dépassant légèrement la grosseur d'un pigeon Volant, passe généralement pour être issu du produit d'un pigeon

Volant blanc avec un pigeon Coquille hollandais. Il a le bec droit, mince et allongé, la tête petite, le cou élancé, le corps svelte, les ailes saillantes et longues, la queue longue, les tarses rouges et nus.

Ce pigeon vole avec beaucoup de facilité, et s'élève parfois à une grande hauteur dans l'espace.

Le caractère distinctif de cette variété est d'avoir sur le devant de la tête une légère tache colorée, semblable à un coup de pinceau, avec la queue de même nuance que la heurte. Le reste du corps est complètement blanc.

Les plus communs sont les heurtés noirs, mais il y en a aussi des rouges, des chamois, etc.

Ainsi que pour les pigeons Pies, il existe une variété inverse, qui est, quant au plumage, l'antipode de la première. Les Heurtés contraires ont le corps de couleur, avec la heurte et la queue blanches; ils sont extrêmement rares.

Cette race se reproduit d'une façon irréprochable, et ne demande aucun soins spéciaux; elle est, en outre, peu coûteuse à nourrir à la campagne où ces pigeons aiment à aller chercher au loin leur nourriture.

N° 80 — LE PIGEON HEURTÉ CONTRAIRE OU *FIRE-BACK*

Décrit par M. René Lemaitre, *de Paris.*

Le pigeon Heurté contraire est d'une tenue et d'un plumage assez modeste, est encore dénommé *Heurté inverse* ou *Fire-back*, et est un véritable pigeon de connaisseur.

A peine cultivé en France et en Italie, où les amateurs aiment surtout que leurs sujets flattent l'œil et attirent l'attention, soit par les riches coloris de leur plumage, soit par la disposition gracieuse des couleurs, soit enfin par la forme ou la tenue plus ou moins originale de l'espèce.

Le pigeon Heurté contraire fait depuis longtemps l'admiration des amateurs belges, allemands et anglais.

Description. — Pour n'avoir point la collerette coquette du pigeon Capucin, la prestance et la grâce des Gazzis et des Cravatés, la sveltesse et l'originalité des Boulants, la tenue bizarre du pigeon Paon ou la gracilité des Mignons tunisiens, les pigeons Heurtés contraires n'en sont pas moins une variété de pigeons très remarquables.

Ces oiseaux, quoique plus petits, ont la forme ramassée et trapue des pigeons Tambours ; la poitrine et le dos sont cependant moins acuplés et ils sont plus allongés.

Les ailes longues, rejoignent presque l'extrémité de la queue et suivent le corps sans se croiser ; la tête est fine et lisse, le bec est très grêle et long, d'une teinte cornée et sans chair, l'œil est entouré d'un mince filet charnu ; l'iris est ordinairement rouge ; cependant, j'ai possédé des sujets ayant également l'iris blanc ou rosé et même parfois l'iris brun ou l'œil de vesce, le cou est fin et court, les pattes sont légèrement plus courtes que dans les variétés à pattes lisses ; les jambes sont emplumées et les tarses très abondamment garnis de plumes.

Outre cette forme bien déterminée, le pigeon Heurté contraire se distingue encore par la disposition de son plumage qui, attentivement examiné, ne manque point d'originalité.

Le pigeon Heurté contraire a le corps diversement nuancé des teintes que l'on rencontre ordinairement chez nos pigeons domestiques ; les deux caractères distinctifs que l'on retrouve chez tous les sujets de cette variété consistent d'abord dans la couleur de la queue qui est blanche, ensuite en une petite tache de même couleur, allongée, couvrant le milieu du front et partant de la mandibule supérieure du bec pour se terminer en s'amincissant jusqu'au milieu de la tête.

On devra surtout rechercher les sujets ayant la tache de la tête où, si je puis m'exprimer ainsi, la heurte bien prononcée.

Toutes les pennes de la queue doivent être blanches et sont défectueux les sujets qui ont quelques plumes colorées.

Sont également imparfaits, les sujets dont la ligne de démarcation entre la teinte de la queue et la couleur générale du corps n'est pas exactement déterminée, c'est-à-dire qui possèdent des plumes blanches au milieu des plumes colorées et vice-versa.

On devra encore éviter d'avoir des sujets à pattes lisses ou peu emplumées.

Variétés. — On rencontre tout d'abord des pigeons Heurtés à teinte uniforme : des noirs, des rouges, des bleus et certains disent même des chamois.

La heurte et la queue de couleur blanche produisent un heureux contraste sur la teinte générale de ces diverses variétés.

J'ai possédé et possède encore plusieurs de ces pigeons qui ont toujours parfaitement réussi dans mon pigeonnier et se sont montrés très rustiques.

On trouve aussi des pigeons Heurtés contraires en tout semblables aux précédents avec barres blanches.

La variété noire barrée blanc, dont je possède plusieurs sujets, a été très admirée dans nos derniers concours et a surtout attiré les suffrages des amateurs, par l'arrangement parfait des couleurs et la longueur des plumes qui garnissent les tarses de mes pigeons.

Enfin l'on m'a proposé des sujets ayant le manteau maillé, mais je n'ai pas cru devoir posséder ces diverses variétés, ne les croyant pas encore de race bien fixée.

Mœurs. — Ces pigeons se sont toujours montrés très productifs et ont reproduits semblables à eux-mêmes.

Ils sont vifs et remuants, de complexion vigoureuse; ils sont dignes en tous points de figurer dans les colombiers des véritables amateurs.

Je les ai toujours nourri de vesce, pois jarras et maïs, dont ils se montrent très friands.

N° 81 — LE PIGEON DAMASCÈNE

Décrit par M. R. De Boeve.

Un magnifique couple de pigeons Damascènes m'ayant été offert par Madame la Comtesse de Chabannes la Palice, qui les a rapportés de Palestine, m'autorise de décrire cette belle variété de pigeons.

Le pigeon Damascène est encore dénommé « Pigeon nain de Jérusalem », à cause de son pays d'origine, de sa taille mignonne et pour le distinguer avec une autre variété de pigeons de cette contrée, qui a à peu près les mêmes principes, mais qui est plus grand de taille et de volume.

Le pigeon Damascène a beaucoup d'analogie avec le pigeon Cravaté anglais, se rencontre fréquemment en Orient et dans les environs de Smyrne.

Il doit avoir le plumage d'un gris perle sur tout le corps, avec les ailes largement barrées de noir, la tête bien ronde et très forte, le bec noir et très court, l'iris rouge et les yeux entourés d'un large filet grisâtre, qui lui donne un aspect très bizarre.

Le corps doit être très ramassé, la poitrine très large et bien portée en avant, la queue étroite ayant à l'extrémité de ses pennes un croissant noir, les pattes non emplumées et très courtes.

Cette variété est très productive, couve bien et élève sa progéniture à la perfection. Elle a le caractère très familier, s'apprivoise très vite, avec les personnes qui les soignent et est très vivace dans les colombiers.

Sa nourriture favorite est le maïs, le riz, la vesce, la petite féverolle et toutes les petites graines dont ils sont très friands.

N° 82 — LE PIGEON SAMABIALE

Décrit par M. R. Van Alphen, d'Anvers (Belgique).

Le pigeon Samabiale est originaire des Indes anglaises, comme le Sérajée, mais il est d'une taille plus élancée que ce dernier et a sous ce rapport une certaine analogie de formes avec le pigeon voyageur Anversois, bien qu'il soit plus petit.

Le pigeon Samabiale a le bec entièrement noir, les yeux d'un noir rougeâtre et a le plumage d'un gris perle, le plus pâle possible.

Il a les ailes barrées soit de noir, soit de rouge, soit de gris foncé. Cette dernière nuance est la plus rare et se rencontre très peu dans les expositions.

Ce pigeon de forme élégante et de belle couleur, fait le plus bel effet dans une volière et s'élève avec beaucoup de facilité.

N° 83 — LE PIGEON RIEUR DU SOUDAN

Décrit par M. R. De Boeve.

Le pigeon Rieur doit son nom au roucoulement particulier qu'il fait entendre constamment et qui le distingue des autres pigeons, dans les colombiers.

Mais il ne faut pas confondre ce roucoulement avec celui du pigeon Tambour, qui est beaucoup plus funèbre.

Comme le dit, John Moore, quand le mâle tournoie autour de sa femelle, il fait entendre d'abord un roucoulement rauque, court et à volonté, ayant de la ressemblance avec celui du Tambour de Dresde, et qui est suivi d'un roucoulement qui est une légère imitation du rire humain, mais en sons plus aigüs, en se baissant et en prenant la tournure de la tourterelle, quand elle roucoule.

Le pigeon Rieur est originaire du Soudan et de la Mecque et on en rencontre des quantités dans les environs de Jérusalem.

Comme formes, il a beaucoup d'analogie avec le pigeon Bizet. Il a le bec allongé, la tête longue et fine, l'iris noir chez la variété blanche unicolore et rouge chez toutes les autres variétés, le cou court, les ailes longues sont portées au-dessous de la queue, même traînantes chez le mâle, quand il roucoule autour de sa femelle. Les pattes courtes, le vol très léger, le caractère très vif et querelleur et la voix très sonore.

Leur alimentation ne diffère en rien, de celle des autres pigeons, ils s'acclimatent très facilement, se reproduisent à la satisfaction de l'amateur, ne demandent aucun soin spécial et attire toujours l'attention particulière, à cause de leur roucoulement qui est des plus bizarres.

N° 84 — LE PIGEON ROULEUR ORIENTAL

Décrit par M. R. De Boeve.

Le pigeon Rouleur oriental se rencontre fréquemment en Turquie, en Grèce et en Asie-Mineure. Il est bien supérieur à tous les autres pigeons Culbutants européens par ses pirouettes extraordinaires et prolongées qu'il exécute sans fin, aussitôt qu'on lui donne la liberté.

Il a le plumage du pigeon Tumbler anglais Almond tricolore, de troisième mue, c'est-à-dire le plumage bigarré de plusieurs couleurs, avec des reflets métalliques.

Il a la tête petite et légèrement allongée, l'iris perlé, le bec long et fort, le cou court, le corps très ramassé, la poitrine bien développée, les ailes très longues et d'une grande solidité, les pattes très courtes et non emplumées, la queue très large et la relevant légèrement, ce qui ferait supposer que ce pigeon a subi un croisement avec le pigeon Paon.

Afin de bien juger leur vol, on ne leur donne pas leur liberté continuelle et on ne les laisse sortir que tous les deux ou trois jours, en ayant soin de les tenir dans un colombier à demi jour.

Quand on leur donne alors la liberté, ils s'élancent dans les airs, avec la plus grande vivacité, faisant des pirouettes sans fin, à tel point que parfois ils viennent s'abattre sur les cheminées ou sur les toits.

Ils volent même tellement haut, qu'on les croirait perdus, mais au bout d'un moment, on les voit revenir d'une hauteur prodigieuse et en faisant leurs tournoiements et leurs évolutions dans tous les sens.

Leur instinct d'orientation est très développé et le plus curieux de les voir, c'est quand ils veulent rejoindre leur colombier ; tout à coup ils s'étendent et battent des ailes, comme pour arrêter leur vol et se laissent choir, comme une masse, pour venir se reposer à l'endroit qu'ils désirent ; on compare ces mouvements a ceux de l'épervier, lorsqu'il veut saisir un oiseau quelconque.

Sa reproduction est des plus volontaires et ne demande aucun soin particulier. Il se nourrit de vesce, maïs, riz et pain et a une constitution très rustique.

N° 85 — LE PIGEON POULE OU MALTAIS

Décrit par M. Robert Pauwels, *de Bruxelles (Belgique).*

Cette belle variété de pigeons, étant sans contredit une des plus gracieuses qui existe, mérite d'autant plus une description détaillée, qu'elle est devenue très rare ; je dirai même presque introuvable, tant en France qu'en Belgique, et qu'elle est un des membres les plus caractéristiques d'une famille de variétés, à laquelle se rattache aussi le Gazzi de Modène, les Florentins et autres pigeons italiens, qui tous au lieu de porter la queue horizontale comme les pigeons en général, la porte plutôt verticale ; toutefois sans la porter en éventail, comme les pigeons Queue de Paon.

Le pigeon Poule ou Maltais se rencontre surtout en Autriche, en Hongrie, en Bavière et dans presque toute l'Allemagne. En Angleterre, où il est presque ignoré, on le désigne sous le nom de Florentine ou Burmese.

Les seules couleurs sous lesquelles on le rencontre à l'état pur, sont : le blanc, le noir, le bleu uni barré noir, le bleu écaillé et le bronzé barré rougeâtre (couleur chocolat).

Les rouges, les jaunes et d'autres couleurs qui peuvent se multiplier à l'infini, ne sont que des produits de croisements, ramenés plus ou moins, au type de la race.

Les sujets papillotés sont également le résultat de croisements peu heureux, par exemple : d'un noir avec une blanche, on peut obtenir du papilloté, mais le pigeon aura presque toujours le bec de la couleur opposée à celle prédominante dans le plumage, ce qui est toujours d'un vilain effet et ce qui témoigne un croisement, que les juges des expositions auraient tort d'encourager.

Le pigeon Poule ou Maltais doit avoir le corps court et ramassé, le dos large, les ailes bien attachées et courtes, se courbant au bout sur la queue, sans se croiser ni se toucher.

La queue ne doit pas être large ni en éventail, courte et verticale, bien plantée et bien portée. Le cou de cygne et les pattes hautes et longues sont les deux points essentiels pour donner de l'élégance au Maltais, et exigés, sous peine de disqualification, aux expositions autrichiennes ou allemandes, où l'on en rencontre parfois de 60 à 100 exemplaires ensemble, tous plus parfaits les uns que les autres.

Le point difficile en élevage est de ne pas obtenir, avec le cou de cygne, une tête fluette et trop légère, disproportionnée à la grosseur du pigeon ; la tête au contraire doit être forte, les yeux bien plantés dans les orbites, le bec gros et pas trop long.

En terminant ce court aperçu du Maltais, je donnerai un conseil à ses éleveurs : Ne jamais accoupler deux pigeons ayant la queue correcte, comme elle est décrite plus haut, sous peine d'obtenir, quatre-vingt-dix fois sur cent, des jeunes avec la queue en éventail et avec le croupion trop faible pour la bien porter.

Choisissez un bon mâle, avec une femelle de deuxième choix par rapport à la queue, c'est-à-dire une femelle portant la queue d'une façon défectueuse et la laissant trop pendre ; n'élevez jamais d'un pigeon trop bas sur pattes, vous ne produirez que des élèves disgracieux.

Je me suis toujours bien trouvé de cette règle d'accouplement et je ne puis qu'engager les éleveurs de Maltais à les suivre également, persuadé qu'ils s'en trouveront bien.

Le Maltais à épaulettes. — Une sous-variété du pigeon Poule ou Maltais est le Maltais à épaulettes, qui a identiquement tous les points du Maltais, et qui n'en diffère que par le plumage, qui est uni, avec les épaules (naissance de l'aile) blanches.

Je n'ai jamais eu l'occasion d'en rencontrer de correctement marqués, qu'en Allemagne, où les éleveurs eux-mêmes m'ont déconseillé leur élevage, à cause des grandes difficultés dans la correction du plumage des épaulettes et que bien souvent ceux-ci ont des taches blanches dans le dos, le cou et la tête.

N° 86 — LE PIGEON FLORENTIN

Décrit par M. Robert Fontaine, de Marcq-en-Barœul (Nord).

Le pigeon Florentin n'est autre que le pigeon Gazzi en grand, la queue est très relevée et au lieu d'avoir les dix rémiges des ailes colorées comme le Gazzi, il les a blanches, néanmoins ceux qui les ont de couleur ne sont pas disqualifiés pour cela, de même que ceux qui ont la queue blanche.

On trouve les mêmes couleurs chez le pigeon Florentin que chez le Gazzi de Modène.

N° 87 — LE PIGEON HONGROIS

Décrit par M. Robert Fontaine, de Marcq-en-Barœul (Nord).

Le pigeon Hongrois a les formes du précédent, la tête et le corps sont un peu plus gros. Il a le fond du plumage blanc avec un plastron de couleur qui vu de profil commence en dessous de la morille du bec, suit la courbe de la tête et du cou à un demi centimètre du bord supérieur, s'arrête à deux centimètres environ de l'épaule et forme une nouvelle courbe en cotoyant celle-ci jusqu'au tiers, pour revenir par une autre courbe, en avant de la poitrine. Les ailes sont colorées, le vol blanc et la queue de couleur est assez relevée.

On rencontre les variétés noires, bleues, rouges, jaunes, brunes et argentées.

N° 88 — LE PIGEON ALOUETTE

Décrit par M. R. De Boeve.

Le pigeon Alouette est une variété de pigeons très peu estimée des amateurs.

Elle est originaire de Cobourg, en Allemagne, et provient d'un croisement du pigeon Bouvreuil ordinaire sans huppe, avec le pigeon Voyageur bleu.

Il a le plumage des ailes d'un bleu écaillé et le poitrail cuivré jaune du pigeon Bouvreuil.

En Allemagne, on les appelle « pigeons Alouettes coloré de Cobourg » (Koburger lerchenfarbige tauben).

Ils ont la tête petite et allongée, le bec moyen, le cou grêle, l'iris jaune, avec mince membrane nue autour des yeux, poitrine bien développée, queue large, ailes d'une longueur moyenne, les tarses nus et courts, et d'un rouge vif.

Cette variété a le vol très léger, est très rustique, se reproduit aussi bien en captivité qu'en liberté et leur alimentation ne diffère en rien, de celle des autres pigeons.

N° 89 — LE PIGEON STRASSER

Décrit par Madame Elisa Tixhon, *de Fléron (Belgique)*.

Les pigeons Strassers que l'on appelle aussi pigeons de Nicolsbourg et qui ont figuré pour la première fois en 1880 à l'Exposition internationale de Vienne, ont les mêmes couleurs que les pigeons Poules florentins, c'est-à-dire tête, ailes et queue de même couleur, le reste du corps blanc ; ils sont toutefois plus petits. Ils doivent avoir les ailes courtes, point de taches et la poitrine large. La culotte ne doit pas être de couleur. La couleur de la tête peut s'étendre plus ou moins sur la poitrine, le cou et le menton. On s'attache beaucoup à des formes pleines, ramassées, une poitrine large et des ailes courtes.

Les Strassers affectent toutes les couleurs fondamentales ou intermédiaires et ont les ailes uniformes ou écaillées.

Strasser vient de pigeon de rue, parce qu'ils cherchent leur nourriture au dehors, c'est un Fuyard excellent qui donne pendant toute l'année des produits superbes.

Sa belle taille en fait un pigeon de premier rang pour la table. L'élevage de cette race n'exige pas des soins spéciaux. Il faut cependant veiller à ce que le colombier soit spacieux et bien aéré, toujours sec et bien propre.

L'accouplement des sujets doit être fait avec beaucoup de soin.

Les jeunes sont très robustes et supportent très bien le froid, quand ils éclosent même en hiver.

N° 90 — LE PIGEON MARQUOIS

Décrit par M. R. De Boeve.

Ce joli pigeon est une création de M. Robert Fontaine, de Marcq-en-Barœul.

Il a été fait avec un mâle pigeon Tambour de Dresde jaune et une femelle Culbutant de même couleur.

Ces pigeons ont reproduit semblables à eux au bout de trois générations.

Ils ont la forme du pigeon Tambour de Dresde, ce qui les distingue, c'est le manque de visière et de coquille. Leur couleur est d'un beau jaune uniforme d'un bout à l'autre ; ils ont l'œil orangé clair, le bec est grêle et de couleur chair, la tête allongée et plate du dessus, le tour de l'œil est assez mince et de couleur rougeâtre, le cou plutôt court, la poitrine bien développée, les ailes remontées, le dos plat, la queue assez longue, les pattes courtes et bien emplumées sans exagération, les plumes du coude formant la manchette.

Le Marquois est très fécond, élève très bien et sa chair est fine. Son caractère est très doux, il est même très familier.

L'effet d'une vingtaine de ces pigeons se promenant dans le jardin de M. Robert Fontaine, nous a donné vraiment un charmant coup d'œil, c'est pourquoi nous leur avons consacrés cette description, qui a aussi son utilité parmi celles des nombreuses races de pigeons.

QUATRIÈME PARTIE

LES MALADIES & LES REMÈDES

Pour les éviter et les guérir,
pouvant servir pour toutes espèces de Volailles

DÉCRITS PAR

PLUSIEURS MÉDECINS, VÉTÉRINAIRES ET PHARMACIENS

AVANT-PROPOS

Afin de compléter mon traité, j'ai voulu terminer mon œuvre par une étude des maladies et des remèdes, pour les éviter et les guérir, pouvant servir pour toutes espèces de volailles et je me suis adressé, à cet effet, à des spécialistes médecins, vétérinaires et pharmaciens, afin de préciser les amateurs dans les différents cas qu'elle comporte.

Je leur souhaite de devoir la consulter le moins possible, ce qu'ils pourront éviter en tenant leurs colombiers avec la plus grande propreté, en donnant une aération normale, en administrant une nourriture saine, une boisson hygiénique et des purges trimestrielles.

R. DE BOEVE.

N° 1 — PURGES TRIMESTRIELLES

Tous les trois mois, on fera purger ses pigeons en mêlant de la graine de lin bien sèche à la ration journalière, dans la proportion d'un quart.

Le lendemain, on les abstiendra de toute nourriture et boisson, en tenant son colombier fermé et l'on versera dans les abreuvoirs une dissolution de sel anglais.

On donnera ensuite une demi-ration de nourriture habituelle, mélangée avec de la graine de lin.

L'après-midi, vous retirerez ce qui restera de la dissolution de sel anglais dans les abreuvoirs et on donnera de l'eau fraîche, ayant été bouillie et refroidie, pour en extirper tous les microbes, et on leur donnera leur ration ordinaire.

Il est aussi excellent, lorsqu'un pigeon revient d'un long voyage, de le faire purger en lui donnant une pilule d'aloès ou de rhubarbe.

N° 2 — ARRÊT DE L'ŒUF DANS L'OVIDUCTE

Cette maladie se déclare bien souvent chez les pigeons enfermés dans des colombiers manquant d'aération, dont la ponte s'opère avec difficulté, par suite de la réclusion continuelle.

Cette constipation, si souvent occasionnée chez les sujets retenus en captivité, est souvent la cause de la mort de bien des femelles.

On constate cette affection quand la femelle ne mange plus, se retire dans un coin du colombier, avec ses plumes hérissées.

On pourra constater qu'elle est fiévreuse et mollasse, et en palpant l'anus, on remarquera l'existence de l'œuf, qui est empêché de sortir.

Les uns prescrivent d'expulser l'œuf avec précipitation, par la pression de la main d'avant en arrière de l'anus, tandis que d'autres prescrivent, et ce que je trouve le plus prudent, de plonger l'anus dans un bain d'eau tiède pendant une demi-heure, lequel se dilate et d'y introduire quelques gouttes d'huile fine. C'est ce dernier remède qui me semble le meilleur, et que l'on doit administrer aussitôt qu'on s'aperçoit de cette affection, parce qu'en retardant l'opération on perdrait infailliblement le sujet.

N° 3 — ANGINE COUENNEUSE

L'angine couenneuse est une affection pure et simple de la muqueuse des voies respiratoires et digestives.

Les symptômes apparents sont la tristesse, l'inappétence, les bâillements, le râle très distinctif et l'état d'abattement général; si vous ouvrez le bec de l'oiseau, vous remarquerez des plaques muqueuses, c'est-à-dire de petites peaux jaunâtres tapissant l'intérieur du bec et la langue, ainsi que le gosier.

Il faut aussitôt écarter du colombier les sujets malades, car cette affection est contagieuse.

On met le malade à la diète et on le tient chaudement. On lui donne à boire de l'eau alcalinée avec le sulfate de soude, de magnésie ou de carbonate; on lui enlève les petites peaux membraneuses et on cautérise les plaies intérieures avec de l'alun.

N° 4 — AVALURE

L'avalure est caractérisée chez la femelle par le gonflement de l'abdomen et le toucher y fait reconnaître une tumeur dure de la grosseur d'un œuf.

On observe cette affection chez les femelles qui cessent de pondre. Mais cette maladie se montre aussi fréquemment chez les jeunes encore au nid et les jeunes sujets qui en sont atteints périssent presque toujours.

Cette maladie ne se guérit pas, mais l'on peut prolonger l'existence du sujet qui en est atteint, en enduisant les contours de l'anus de corps gras, pour éviter l'adhérence de matières muqueuses, sinon elle entraîne la mort et est absolument incurable.

N° 5 — ASTHME

L'asthme est caractérisé par une respiration courte et précipitée; aussitôt que l'oiseau s'agite, les symptômes augmentent avec l'exercice et diminuent avec le repos.

L'asthme peut provenir d'une grande frayeur, soit par l'entrée d'un chat ou de rats dans le colombier, ou bien encore par la poursuite de l'épervier.

Il peut encore provenir d'un épuisement, soit d'avoir nourri un trop grand nombre de pigeonneaux, et même il peut être provoqué par le grand âge des sujets qui en sont atteints.

Dans un autre cas, il provient d'une nourriture trop échauffante, qui, en la variant sans cesse, peut la faire disparaître.

Dans les différents cas, il est guérissable, tandis que s'il est causé par la vieillesse, il est incurable.

N° 6 — BAINS

Les bains sont très salutaires pour les pigeons pris de vertige.

Les bains médicamentaux sont même d'une grande efficacité pour les maladies parasitaires, intestinales et génitales.

Quand on retire l'oiseau de l'eau, on le sèche dans des linges, en le maintenant pendant quelques temps devant le feu, ou au soleil pendant l'été et on le remet ensuite au colombier.

Les amateurs qui feront baigner leurs pigeons de temps en temps s'en trouveront à merveille.

N° 7 — BAILLEMENTS

Le bâillement est une inflammation des bronches et des poumons. Cette inflammation est causée par l'invasion, dans les différents organes, de vers filiformes, qui s'y introduisent avec les aliments et surtout avec la boisson; c'est pour cela que j'insiste particulièrement, de veiller à la plus grande propreté de l'eau bouillie et refroidie, afin d'en exclure tous les microbes, avant de la destiner à la boisson des volailles.

On a vite raison des bâillements en administrant aux sujets atteints quelque pilules helmintifuges Riga, suivis de quelques pilules de columba.

N° 8 — BLESSURES

Les pigeons sont parfois atteints par les plombs des braconniers, ou par les éperviers ou autres.

Aussitôt que l'amateur s'en apercevra, il examinera la plaie, afin de se rendre compte de sa gravité. Si elle est causée par un coup de feu, il enlèvera le plomb le plus tôt possible, afin de ne pas augmenter l'inflammation et il cautérisera la plaie avec du nitrate d'argent.

Si la blessure est causée par un épervier ou autre, il la lavera et l'enduira ensuite de glycérine, ce qui la guérira en peu de jours.

Mais souvent les sujets ayant été atteints ne peuvent plus servir que comme reproducteurs. Ce cas dépend de la gravité de la blessure.

N° 9 — CHANCRE OU MUGUET JAUNE

Le chancre ou muguet jaune se rencontre rarement chez les pigeons vivants en liberté, et se manifeste chez les pigeonnaux provenant de parents enfermés.

C'est une espèce de champignon qui leur pousse dans la gorge et finit par étouffer le sujet atteint.

Il est occasionné par les mauvaises graines, qu'on administre pendant les grandes chaleurs.

Cette affection est très contagieuse et le plus radical c'est d'isoler sans retard les sujets qui en sont atteints et qui périssent la plupart du temps,

On peut cependant tenter la guérison avec avantage en imbibant une grande plume dans une solution d'alun et en la plongeant hardiment dans l'œsophage en lui imprimant un mouvement de rotation.

On purgera également les sujets atteints avec des pilules de rhubarbe et en dissolvant une cuillerée de sel anglais dans l'abreuvoir contenant la boisson des sujets tenus séparément, à cet effet.

N° 10 — CONGÉLATION DES PATTES

Pendant les grands froids, les pattes des pigeons sont parfois gelées par suite des froids intenses.

Les parties atteintes deviennent noirâtres, se gangrènent et se mortifient.

Cette affection occasionne une marche très pénible et une boiterie très longue à se remettre.

On peut y remédier en mettant les sujets atteints dans un endroit moins rigoureux, afin de les soustraire à l'action des grands froids et on enduit les parties gelées, avec de la glycérine.

Les plaies se cautériseront, les parties gelées se sècheront et tomberont aussitôt que la guérison s'opérera.

N° 11 — COUP DE SANG OU APOPLEXIE

Le coup de sang ou apoplexie entraîne très souvent la mort du sujet, parce que l'amateur n'est pas à son colombier, quand le pigeon en est atteint subitement.

Lorsqu'on s'en aperçoit à temps, il suffit de lui couper un ongle à chaque patte et de lui plonger les pattes dans l'eau tiède, afin de lui faciliter l'écoulement du sang par le bas du corps.

S'il résiste, on le tiendra à la diète pendant quelques jours, en lui donnant à boire et très peu de nourriture.

N° 12 — DÉVOIEMENT OU DIARRHÉE

Le dévoiement peut provenir de diverses causes ; soit par suite d'une nourriture humide, échauffante et malsaine, soit par les graines, etc., que les pigeons vont ramasser aux champs.

On guérit cette affection en donnant aux sujets atteints, de l'orge cuite et des pâtées de pommes de terre ainsi que de l'eau salée.

Il est préférable en ce cas de tenir les pigeons enfermés pendant quelques jours.

N° 13 — DIPHTÉRIE

Les pigeons qui sont atteints de la diphtérie, présentent une affection dont les symptômes ressemblent assez bien à ceux du croup.

Elle est contagieuse au plus haut degré et il est indispensable d'isoler les sujets atteints, aussitôt qu'on s'en aperçoit.

Elle est souvent causée par un colombier malproprement tenu, par une mauvaise nourriture, ou par une eau de boisson infecte.

D'après M. Marique, la maladie débute généralement par un

malaise suivi de fatigue, que l'on reconnaît à la lenteur et au peu de vivacité des mouvements du sujet, qui finit par ne plus se mouvoir, qu'avec la plus grande difficulté.

La respiration est pénible, la voix rauque et l'oiseau ne mange plus.

Quand on examine le sujet malade, on remarquera dans l'intérieur du bec, que la langue présente une teinte blafarde très prononcée et qu'elle est tapissée de petites taches qui se développent bientôt, pour faire place aussitôt à de gros tubercules ; le bec est sale, les yeux deviennent saillants et dilatés, et recouverts en partie par des mucosités adhérentes, à l'extrémité des paupières.

Les productions hypertrophiques localisées sur la langue, ne tardent pas à augmenter de volume et à remplir toute la cavité buccale, constituant aussi un obstacle à la respiration et à la déglutition.

Pour y remédier, il faut installer son colombier dans les meilleures conditions d'aération et d'hygiène possibles, en le désinfectant dans tous ses parois, donner aux pigeons une nourriture confortable et leur servir une eau ferrugineuse pour boisson, afin d'écarter les symptômes de cette terrible affection le plus possible.

N° 14 — ÉPILEPSIE

L'épilepsie est une maladie nerveuse qui se manifeste par des accès convulsifs et par la disparition totale de la sensibilité, de l'instinct et de l'intelligence.

Par suite d'une grande frayeur ou une surprise trop improvisée, cette affection peut se produire subitement ; c'est en somme, un déplacement des sens moraux qui se remarquent par des mouvements convulsifs que le pigeon opère en se tournant plusieurs fois de suite sur ses pattes, à la suite de quoi, il subit un abattement général.

Cette affection peut se produire plusieurs fois en suivant, comme elle se produit également à plusieurs jours d'intervalle.

On peut essayer d'y remédier en mettant la tête de l'oiseau dans l'eau ; en lui donnant quelques pilules purgatives ; en lui coupant un ongle, afin d'opérer une saignée ; et en le plaçant dans une volière au grand air. Mais l'affection est parfois incurable.

N° 15 — GALE

La gale est une affection qui se manifeste par les pattes qui sont couvertes de croutes blanchâtres qui en soulèvent les écailles, qui sont occasionnés par des multiples parasites presque invisibles à l'œil nu.

On a facilement raison de cette affection, en trempant les parties atteintes, plusieurs fois, à quelques instants d'intervalle, dans du pétrole ou benzine, qui fait tomber les croutes et anéanti les parasites.

N° 16 — GOUTTE

La goutte chez les pigeons s'attaquent principalement aux vieux sujets et est à peu près incurable et paralyse la marche de l'oiseau.

Elle peut aussi se produire chez les jeunes sujets qui sont logés dans un endroit trop humide ou par suite d'une saison pluvieuse prolongée.

Il n'y a de remède possible à cette affection, que celui de placer les sujets atteints dans un endroit bien sec et même chaud et leur donner une forte nourriture et un hygiène convenable.

N° 17 — HARDE

La harde est provoquée chez les femelles, par la ponte des œufs sans coquilles.

Elle se manifeste chez les pigeons retenus en volière, à cause de l'absence de matières calcaires.

Chez certains sujets, elle est passagère ; chez d'autres, elle est continuelle.

On pourra y remédier, en leur donnant la liberté ou en mettant à leur disposition, tous les sels et éléments calcaires, qui leur sont nécessaires à la formation de la coquille des œufs.

N° 18 — INDIGESTION

L'indigestion est la surcharge de l'absorption, d'une plus grande quantité d'aliments que celle que l'estomac peut supporter.

Elle est souvent provoquée par la faute de l'amateur qui a attendu trop longtemps pour donner à manger à ses pigeons.

Par suite d'une faim excessive, l'oiseau mange plus que de raison et finit par s'engaver, comme l'on dit vulgairement.

Le meilleur moyen, c'est de placer le sujet atteint, dans un bas de femme, la tête en haut, les pattes bien allongées le long de la queue, en ayant soin de lui donner un peu d'eau tiède, à boire de temps en temps, afin que la digestion puisse se faire lentement.

On le laisse ainsi pendant 24 ou 48 heures, selon la quantité de nourriture à digérer et aussitôt qu'on s'aperçoit que la digestion complète est faite, on le met dans un panier pendant deux jours, en lui donnant très peu de nourriture et on pourra le remettre ensuite au pigeonnier.

N° 19 — MALADIE D'AILE OU ARTHRITE

La maladie d'ailes est une affection dont tous les colombophiles ont eu à déplorer la perte de certains de leurs bons sujets.

C'est l'inflammation qui se produit entre les articulations et l'amateur s'en aperçoit, lorsqu'il voit un pigeon qui laisse traîner une aile et qui a en même temps des tremblements nerveux. Il voit bientôt se former à l'articulation atteinte, une tumeur qui grossirait de plus en plus, si on ne l'opérait à temps.

Cette affection provient surtout d'un colombier qui est placé dans un endroit très humide, ou bien de la ponte en hiver, ou bien encore de la longue sequestration, ou l'excès de fatigue par les voyages trop lointains pour leurs forces corporelles.

Mais elle n'est nullement contagieuse comme l'ont prétendus certains auteurs.

Le meilleur moyen de la guérir est de faire une incision en forme de croix à l'articulation tuméfiée en ayant soin de ne pas couper les nerfs et vaisseaux de l'aile et d'en faire sortir doucement la partie tuméfiée ; ensuite la frotter à l'eau sédative mélangée avec de la teinture d'iode, plusieurs fois par jour.

Lorsque vous remarquerez que l'inflammation sera disparue, vous laisserez le malade tranquille pendant une quinzaine de jours, puis vous le mettrez dans une volière séparée et vous lui donnerez une nourriture confortable, de l'eau ferrugineuse et quelques pilules purgatives.

On pourra aussi mêler de la graine de lin à sa nourriture ; après ce temps de repos, il sera facile de voir si l'opération a réussi en le mettant dans le colombier avec les autres pigeons ; si le sujet persiste dans son affection, on peut le considérer comme incurable et il ne peut plus servir qu'à la reproduction.

N° 20 — MALADIE DES YEUX

La maladie des yeux est caractérisée par le gonflement des paupières et le larmoiement des yeux.

Elle se produit principalement au moment de la mue et s'étend assez rapidement.

On injecte les parties malades avec de l'eau de racine de guimauve tiède et on donne aux pigeons de l'eau ferrugineuse.

N° 21 — MORVE

La morve ou corysa est la maladie la plus contagieuse et la plus fréquente dans les colombiers ; c'est l'inflammation de la muqueuse nasale accompagnée d'écoulement.

Le sujet atteint devient triste, hérisse son plumage et secoue fréquemment la tête, ne mange plus, râle en voulant respirer, l'œil est larmoyant et les fosses nasales sont ulcérées ; enfin un dépérissement général affecte le sujet.

Cette maladie est causée par la défectuosité de l'hygiène du colombier et de la nourriture ou même encore provoquée par l'humidité.

Pour y remédier, on désinfectera à fond le colombier, on le blanchira à la chaux en y mêlant de l'acide phénique.

On mettra le sujet atteint dans une volière, au grand air, et on lui donnera tous les jours, trois pilules diphtéritiques.

N° 22 — POLYPE

Le polype est une excroissance de chair qui leur vient dans le gosier et qui croît rapidement.

Aussitôt que vous vous apercevez qu'il commence à paraître, coupez-le avec des ciseaux à pointes et brûlez la racine avec la pierre infernale.

Tenez ensuite le malade au régime, c'est-à-dire à l'orge seul, et mettez-lui de temps en temps quelques grains de sel dans le bec.

Lorsque l'excroissance renaît, on peut croire que l'opération a été mal faite, alors il faut la recommencer ; mais, si elle reparaît une troisième fois, il n'y a plus de guérison possible.

N° 23 — POURRITURE DU JABOT OU LAIT RÉPANDU

La pourriture du jabot, ladre ou lait répandu, est une maladie assez grave qui se manifeste fréquemment chez les pigeons privés de leurs jeunes, quelques jours après l'éclosion.

On sait que les pigeons, pour nourrir leurs petits, leur dégorgent dans le bec une sorte de bouillie jaunâtre (sorte de liquide laiteux) qui doit former la première nourriture des pigeonneaux.

Lorsque les pigeons ne peuvent pas dégaver cette bouillie, elle séjourne dans le jabot, elle s'y accumule, se condense et finit par se durcir complètement. Les fonctions digestives sont entravées et le pigeon en devient sérieusement malade. Sa gorge est gonflée comme s'il avait fait un repas copieux, ses plumes se hérissent, l'appétit est nul et l'oiseau meurt bientôt complètement épuisé.

Pour combattre cette affection, le plus simple, c'est de substituer d'autres jeunes à la place de ceux qui sont morts ; dans le cas négatif, il faut sequestrer les parents, les mettre à la diète pendant plusieurs jours, leur donner de l'eau saline et des pilules purgatives deux ou trois, tous les jours.

N° 24 — RHUME

Le rhume, chez le pigeon, est dû aux courants d'air et aux changements de température.

Lorsqu'un sujet en est atteint, ses yeux gonflent et coulent, il éternue, la muqueuse s'enflamme, le nez s'obstrue et déjecte une substance grisâtre que le pigeon expulse des narines.

Afin de combattre cette affection, on lui introduit dans le gosier, six grains de poivre par jour (soit par tiers, matin, midi et soir) et lui donner comme boisson du thé de tilleul.

N° 25 — TORTICOLIS

Le torticolis est une maladie héréditaire chez les pigeons. Dans cet état, le pigeon tourne sans cesse le cou d'une manière désagréable et je ne vois qu'un remède ; c'est de lui couper un ongle à chaque patte, afin d'opérer une forte saignée, ce qui peut provoquer un changement subit dans son état critique.

L'oiseau peut vivre et pondre, mais si les vertiges s'y joignent, il périt promptement.

N° 26 — VARIOLE OU POQUETTES

Je suis nullement d'accord avec certains auteurs qui soutiennent que la variole ou poquettes est une affection essentiellement contagieuse.

Ce qui en est la preuve évidente, c'est que dans deux jeunes du même nid, l'un est parfois criblé de poquettes, tandis que l'autre en est complètement exempt ; on peut donc affirmer que cette maladie n'est ni contagieuse ni épidémique.

Elle se produit généralement dans le moment des grandes chaleurs et est caractérisée par une éruption de pustules isolées à la surface de la peau.

Pour les guérir le plus promptement possible, on met sur chaque pustule une dissolution d'alun, avec un pinceau ; de cette façon elle sèchera et tombera en peu de temps.

On tiendra les malades dans un endroit chaud, avec la plus grande propreté possible.

N° 27 — LA VERMINE OU LES INSECTES

Les amateurs feront très bien de faire badigeonner leurs colombiers, à la chaux avec solution de phénol deux fois par an afin d'en exclure tous les parasites nuisibles à la santé des pigeons.

L'acare assassin qui ravage principalement les pigeonneaux, est un petit insecte rougeâtre qui s'y attachent pour sucer leur sang et leur enlever toute leur vigueur.

Il en est de même du poux, de la puce et du tiquet.

On les fait disparaître en mettant dans le fond des nids de la poussière de tabac, mélangée avec de la poudre insecticide et de la fleur de soufre.

Afin d'éviter l'invasion des pigeonniers par ces insectes, l'amateur veillera le plus possible à la plus grande propreté de son colombier.

N° 28 — VERRUES

Il ne faut pas confondre les verrues avec la variole ou poquettes.

Ce sont des espèces de petites tumeurs dures qui se produisent sur les caroncules nasales, sur les membranes charnues, autour des yeux, sur les pattes et autour du bec.

Pour faire disparaître cette affection, on les détache, puis on cautérise les plaies avec la pierre infernale.

N° 29 — VERS INTESTINAUX

Chaque espèce de volailles possède les parasites qui lui sont propres.

Ainsi on rencontre dans les intestins et les organes digestifs des pigeons, plusieurs sortes d'Helminthes ou d'Entozoaires dont la présence peut déterminer les accidents les plus graves et même occasionner la, mort.

Quand l'oiseau est atteint de cette affection il dépérit malgré la nourriture qu'il prend.

Son plumage est terne et hérissé ; ses ailes et sa queue sont traînantes ; ses déjections sont fréquentes et liquides.

On réussira à expulser les vers, en donnant aux sujets atteints, quelques pilules téniafuge de Marique, et comme boisson une infusion d'absinthe.

N° 30 — VER SOLITAIRE

Peu de pigeons sont sujets à avoir le ver solitaire, cependant ce mal existe et nous avons rencontré des sujets ayant laissé, après avoir fait usage du traitement approprié, des vers de 12, 15 et même 20 mètres de longueur.

Lorsque vous avez un pigeon mangeant bien, conservant sa gaîté, mais ne fortifiant pas et ne marchant plus ; examinez-le attentivement, s'il a les contours de l'anus humide, fatiguez-le en le faisant voler dans le pigeonnier et aussitôt examinez-le vous remarquerez le ver prêt à sortir, surtout ne faites pas comme certains amateurs colombophiles qui tirent sur le ver et le cassent ; cette opération est non seulement inutile, mais même nuisible. Contentez-vous d'isoler votre pigeon et de le mettre à la diète pendant 24 heures, puis donnez-lui une pilule contre le ver solitaire, toutes les 12 minutes (4 pilules au maximum) et le mal sera extirpé, jusqu'en ses plus profondes racines.

Les pilules les plus efficaces à notre point de vue, contre ce parasite sont celles que prépare M. Boyaval, pharmacien à Roubaix; tous les amateurs sérieux qui en ont fait usage, (et ils sont nombreux dans le nord de la France) n'ont jamais eu d'insuccès.

TABLE DES MATIÈRES

PREMIÈRE PARTIE

Décrite par M. R. De Boeve.

DEUXIÈME PARTIE

PIGEONS VOYAGEURS

Décrits par plusieurs colombophiles belges et français.

TROISIÈME PARTIE

PIGEONS DE VOLIÈRE ET D'AGRÉMENT

Décrits par de nombreux colombophiles-aviculteurs français, belges, hollandais, anglais, etc.

Toutes les sous-races sont décrites ou indiquées, à la suite des variétés auxquelles elles appartiennent.

QUATRIÈME PARTIE

LES MALADIES ET LES REMÈDES

Pour les éviter et les guérir, pouvant servir, pour toutes espèces de volailles, décrits par plusieurs médecins, vétérinaires et pharmaciens.

AVANT-PROPOS

FIN DE LA TABLE

LISTE DES PHARMACIENS-SPÉCIALISTES

Des remèdes pour la guérison des Maladies des Pigeons.

POUR LA FRANCE

POUDRE INFAILLIBLE

Préparée par E. HEU, pharmacien-chimiste, à Lieurey (Eure)

Ayant obtenu 18 Récompenses aux Expositions (Méd. d'or, Londres 1892).

TRAITEMENT

Aussitôt qu'une volaille est prise d'une de ces maladies, il faut l'isoler, lui donner une bonne nourriture et lui faire prendre dans la journée une forte cuillerée à café de ma poudre pour un poulet ou faisan (le double pour un dindon), en trois ou quatre fois, dans une pâtée faite de bonne farine d'orge ou de mie de pain, mélangée d'un peu de grain.

Mais comme il est plus facile de préserver que de guérir, en employant ma poudre à la dose d'une cuillerée à café mélangée à la nourriture du matin pour huit poussins, et d'une cuillerée à soupe pour huit adultes, on les préservera sûrement de ces deux maladies ; donnée comme tonique aux poussins, elle les tient en santé et favorise la croissance, dans ce cas une cuillerée à café suffit pour cinquante.

On aura soin d'augmenter la dose avec l'âge.

Les dindons ont en plus de ces deux maladies un moment critique :

Je veux parler de la pousse du rouge, qui arrive vers la huitième semaine.

Pendant cette période, il faut leur donner une pâtée d'orge mélangée avec un peu de chénevis et une cuillerée à soupe de ma poudre pour huit. Par ce moyen, ils passeront sans danger cette époque critique qui, quand le temps est humide et froid en enlève quelquefois la moitié. Ma poudre est aussi très efficace contre la diphtérie, l'anémie et la tuberculose des volailles.

Ce n'est qu'après avoir fait faire de nombreuses expériences par des éleveurs sérieux que je me suis décidé à propager ma poudre.

Les récompenses obtenues et les centaines d'attestations de succès prouvent son efficacité.

Prix de la Boîte : 2 francs, franco par la poste contre mandat ou timbres.

DÉPÔTS POUR LE GROS :

Paris : Pharmacies **Hayes et Cie**, 54, Chaussée d'Antin et **Carmouche**, 4, rue du Roi-de-Sicile. — Rouen : Pharmacie **Depensier**, rue du Bac. — Caen : Pharmacie **Mullois**. — Grasse : Pharmacie **Mistral**. — Constantine : Pharmacie **Pastor**. — Bruxelles : Pharmacie **Vincent**, 64, rue de la Limite.

Boîtes de 500 gr. **5** fr. ; de 1 kil. **9** fr. *(franco)*

RENSEIGNEMENTS GRATUITS SUR TOUTES ESPÈCES DE MALADIES DES VOLAILLES

GUÉRISON DES MALADIES DE LA VOLAILLE

Rhume ou Naset ou Niflé, Pépie, Affections diverses du tube digestif, Maladie du foie, Choléra des Poules, Diarrhée, Bronchite, Pneumonie, Dépérissement, Gargouillement muqueux à la gorge, Bâillement, Catarrhe-nasal, Morve, Coryza-contagieux, Muguet blanc, Muguet jaune, Pellagre, Chancre de mais, **Diphthérie**, Angine couenneuse, Gavée, Pourriture du Jabot, Ladre, Maladies des yeux, Conjonctivite, Gonflement des Paupières, Variole, Poquettes, Verrues, Vers intestinaux, Harde, Ponte d'œufs sans coquilles, Rhumatisme, Goutte, Arthrite, Maladies des Pattes ou des Ailes, Congélation des Pattes et de la Crête, Gale, Epilepsie, Paralysie et autres maladies des Poules, Coqs, Pigeons, Canards, Oies, Dindons, Faisans, Perdrix, Oiseaux de toutes les espèces.

PAR LA MÉTHODE RATIONNELLE

DÉCOUVERTE ET EXPÉRIMENTÉE PAR

AVILLA HONORÉ

Pharmacien, rue de Lille, 29, à ARMENTIÈRES (Nord)

NOMENCLATURE DE MES REMÈDES

Pépiine en poudre	114 gr. la boite. ...	» 70
— en pilules	120 gr. —	1 10
— —	64 gr. la 1/2 boite.	» 70
Coulonine	70 gr. la boite.....	1 »
Liqueur contre la Diphthérie, Muguet, etc.	102 gr. le flacon....	1 »
Mixture pour la Maladie des Ailes et des Pattes	137 gr. —	1 »
Pommade contre la Gale de la Crête et des Pattes	115 gr. le pot......	» 70
Remède contre les Vers intestinaux et autres	99 gr. la boite....	» 70
Poudre contre la Maladie des Yeux	95 gr. —	» 70
Baume contre l'Engelure de la Crête et des Pattes	102 gr. le flacon....	1 »
Remède pour assainir les pigeonniers, poulaïliers, appartements, etc..	130 gr. la boite.....	» 60
Poudre contre la Vermine de la volaille, chiens, etc.	74 gr. —	» 60

VENTE EN GROS ET DÉTAIL

DÉPÔTS A LILLE : **Drogueries DANJOU**, rue de Béthune, 40. — **COASNE**, rue des Prêtres, 28.

Détail dans toutes les pharmacies de France et de l'Etranger. — A Bruxelles : MM. J. VANDENSCHRIECK, chaussée d'Anvers, 147. — CH. BRUYÈRE, rue de Prusse, 31. — Mlle CL. VANNECK, Grand'Place, 26. — A Anvers : COPERMANS, place de Meir, 85. — A Gand : CEUTERICK, rue des Champs, 59. — A Tournai : BRAME, rue de Cologne, 44. — A Courtrai : OTTEVAERE. — A Halluin : HINDRICK.